室内设计原理与实践

第二版

高等院校艺术学门类
"十四五"规划教材

主　编　周　芬　汪　帆
副主编　刘　严　刘　莹　张　娜　马应应
参　编　叶　帆　阎轶娟　彭娅菲　曾　勇
　　　　刘　臻　曲　伟

A R T   D E S I G N

华中科技大学出版社
http://www.hustp.com
中国·武汉

内 容 简 介

本书系统、全面、图文并茂地介绍了室内设计的原理,并配以大量实践案例,力图体现实用性的特点。全书共九章:室内设计概述、现代室内设计的常用风格及特点、室内空间设计、室内色彩设计、室内照明设计、室内设计要素、居住空间设计、公共空间设计、室内设计的表现方法。

本书讲解深入浅出,案例选择恰当,是一本系统介绍室内设计原理与实践的教材,可作为高等院校环境艺术设计等相关专业的教学用书,也可供环境艺术设计、室内装饰设计等行业内对室内环境设计有兴趣的各类读者使用。

图书在版编目(CIP)数据

室内设计原理与实践/周芬,汪帆主编. —2 版. —武汉:华中科技大学出版社,2021.1(2025.1重印)
ISBN 978-7-5680-6839-0

Ⅰ.①室… Ⅱ.①周… ②汪… Ⅲ.①室内装饰设计 Ⅳ.①TU238.2

中国版本图书馆 CIP 数据核字(2021)第 019301 号

室内设计原理与实践(第二版)   周芬 汪帆 主编
Shinei Sheji Yuanli yu Shijian(Di-er Ban)

策划编辑:彭中军
责任编辑:段亚萍
封面设计:优 优
责任监印:朱 玢
出版发行:华中科技大学出版社(中国·武汉)   电话:(027)81321913
         武汉市东湖新技术开发区华工科技园   邮编:430223
录   排:武汉创易图文工作室
印   刷:武汉市洪林印务有限公司
开   本:880 mm×1230 mm 1/16
印   张:8.5
字   数:282 千字
版   次:2025 年 1 月第 2 版第 3 次印刷
定   价:49.00 元

目录
Contents

Shinei Sheji Yuanli yu Shijian

第一章
室内设计概述

> **内容概述**

本章主要介绍室内设计的定义、作用,室内设计的分类与方法,室内设计相关学科等方面的内容。

> **能力目标**

通过本章的学习提高室内设计综合素质及水平。

> **知识目标**

掌握室内设计的内容、方法,对人体工程学、环境心理学及基本的施工实施有一定的了解。

> **素质目标**

清楚分辨室内设计的类型与方法,能够掌握人体工程学和环境心理学的具体运用。

第一节
室内设计的定义及其作用

1. 室内设计的定义

室内设计是指有目的、有意识地对建筑特定内部围合空间的环境进行规划或布置,利用物质和技术手段使之满足人们生理上和心理上的特殊需要。它是对各类建筑的内部使用功能和艺术风格等因素的综合考虑,包括内部的空间安排、通风、采光、平面、地面、墙面、天棚、家具陈设等室内各构成要素的设计,以及它们之间的相互关系和装饰手法等方面的设计。

室内设计又称建筑内部空间环境设计,是建立在四维时空概念基础上的艺术设计门类,从属于环境艺术设计的范畴,是包括空间环境、室内装修、陈设装饰在内的建筑内部空间的综合设计系统,涵盖了功能与审美的全部内容。它是建筑的内核部分。

现代室内设计是综合的室内环境设计。它包括视觉环境和工程技术方面的问题,也包括声、光、热等物理环境及氛围、意境等心理环境和文化内涵等内容,把创造满足人们物质和精神生活需要的室内环境作为室内设计的目标。

2. 室内设计的作用

由室内设计的含义不难看出,室内设计的作用就是将室内设计所包含的内容、相关学科、设计方法、设计实施等方面融合起来,使之成为一个完整有序的整体,以发挥优势、弥补不足。

(1)改善室内环境的物质条件,提高物质生活水平,把握设计的实用性和经济性两个主要原则。

室内设计的实用性是解决室内设计问题的基础,建立在物质条件的科学应用上,如室内的空间计划、家具陈设、储藏设置及采光、通风、管道等设备,必须合乎科学、合理的原则,以提高生活效用,满足人们的多种生活需求。

室内设计的经济性则是提高室内环境效率的途径,体现在人力、物力和财力的有效利用上,室内的一切设备,必须正确选择,才能保持长期价值,发挥财力资源的最大效益。

(2)增进室内环境的精神品质,以提高精神生活的水平。精神建设包含设计的艺术性和个性特点两个要素。

第二节
室内设计的分类和方法

一、室内设计的分类

1. 按照室内空间的使用性质分类

根据建筑物的使用功能,室内设计主要分为居住建筑室内设计、公共建筑室内设计、工业建筑室内设计、农业建筑室内设计四类。

1)居住建筑室内设计

居住建筑室内设计主要涉及住宅、公寓和宿舍的室内设计,具体包括前室、起居室、餐厅、书房、工作室、卧室、厨房、浴厕和阳台等的设计。

2)公共建筑室内设计

公共建筑室内设计主要包含以下八大方面。

(1)文教建筑室内设计,主要涉及幼儿园、学校、图书馆、科研楼的室内设计,具体包括门厅、过厅、中庭、教室、活动室、阅览室、实验室、机房等室内设计。

(2)医疗建筑室内设计,主要涉及医院、社区诊所、疗养院的室内设计,具体包括门诊室、检查室、手术室和病房的室内设计。

(3)办公建筑室内设计,主要涉及行政办公楼和商业办公楼内部的办公室、会议室及报告厅的室内设计。

(4)商业建筑室内设计,主要涉及商场、便利店、餐饮建筑的室内设计,具体包括营业厅、专卖店、酒吧、茶室、餐厅的室内设计。

(5)展览建筑室内设计,主要涉及各种美术馆、展览馆和博物馆的室内设计,具体包括展厅和展廊的室内设计。

(6)娱乐建筑室内设计,主要涉及各种舞厅、歌厅、KTV、游艺厅的室内设计。

(7)体育建筑室内设计,主要涉及各种类型的体育馆、游泳馆的室内设计,具体包括用于不同体育项目的比赛、训练及配套的辅助用房设计。

(8)交通建筑室内设计,主要涉及公路、铁路、水路、民航的站点、候机楼、码头的室内设计,具体包括候机厅、候车室、候船厅、售票厅等的室内设计。

3)工业建筑室内设计

工业建筑室内设计主要涉及各类厂房的车间和生活间及辅助用房的室内设计。

4)农业建筑室内设计

农业建筑室内设计主要涉及各类农业生产用房,如种植暖房、饲养房的室内设计。

2. 按照室内设计的内容分类

室内设计的内容可归纳概括为以下三类。

1)室内空间设计

室内空间设计主要包括两个方面的内容,即空间组织设计和空间形态设计。空间组织设计是确定空间的主从关系,解决好空间与空间之间的衔接、对比、统一等问题,并把室内的声学、热工学、光学等统一起来,创造宜人的居住环境。它包括采暖、通风、温湿调节等方面的设计处理。空间形态设计是指确定好空间的开敞与封闭,在此基础上通过进一步调整内部空间的尺寸和比例、均衡与韵律来对空间的视觉形象进行设计,最终达到对空间的形态进行定位的目的。

2)室内要素设计

室内要素设计即对室内平面布置、地面、墙面、柱、天棚、家具陈设、色彩、照明、绿化景观等进行处理,包括不同类型空间室内功能平面的布局、动静分区、交通流线及尺度的设计。其中还有室内固定式、半固定式、移动式家具及陈设的布置方式;室内地面的造型处理及地面分隔方式,如地台、错层、地面材料分隔;室内墙面的造型处理;室内天棚的造型处理;空间通风设施及中央空调、灯具的位置布置;室内家具及陈设常用的样式、材料品种、风格的选用;室内色彩的特点和整体关系;室内空间照明要求、物体与背景间的亮度对比、环境中亮度的均匀程度、眩光程度;室内绿化、室内生态平衡。在此基础上还需要综合考虑各种设计要素常用材料及材料质地、色彩、价格等基础知识,在设计过程中进行定位及造价控制。

3)室内风格及意境设计

通过采用一定的艺术表现形式,对上述的空间和室内各要素进行具体设计,创造出具有艺术表现力和感染力的空间及形象,满足人们的视觉要求,体现空间的文化内涵和品位。这主要反映了室内设计在心理和精神层面上的属性。

二、室内设计的方法

1)大处着眼、细处着手,总体与细部深入推敲

大处着眼,也就是室内设计应该考虑几个基本观点。这样,在设计时思考问题和着手设计的起点就高,需要有一个设计的全局观念。细处着手是指具体进行设计时,必须根据室内的使用性质,深入调查、收集信息,掌握必要的资料和数据,从最基本的人体尺度、活动范围和特点、家具与设备的尺寸和它们的空间着手。

2)从里到外、从外到里,局部与整体协调统一

建造师 A . 依可尼可夫曾说:"任何建筑创作,应是内部构成因素和外部联系之间相互作用的结果,也就是'从里到外,从外到里'。"室内环境的"里",以及和这一室内环境连接的其他室内环境,以至建筑室外环境的"外",它们之间有着相互依存的密切关系。设计时需要"从里到外,从外到里"多次反复协调,务必使其更趋完善、合理。室内环境需要与建筑整体的性质、标准、风格及室外环境协调统一。

第三节
室内设计与相关学科

一、人体工程学与室内设计

1. 人体工程学的含义

人体工程学（Human Engineering），也称人类工程学、人体工学或工效学（Ergonomics）。人体工程学即研究"人—机—环境"系统中人、机器和环境三大要素之间关系的学科。人体工程学为解决"人—机—环境"系统中人的效能、健康问题提供理论数据和实施方法。

人体工程学联系到室内设计，以人为主体，运用人体计测、生理和心理计测等手段和方法，研究人体结构功能、心理、力学等方面与室内环境之间的合理、协调关系，以适合人的身心活动要求，取得最佳的使用效能，其目标是安全、健康、高效和舒适。

2. 人体工程学的基本数据

人的工作、生活、学习和睡眠等行为千姿百态，有坐、立、行、卧之分。这些形态在活动过程中会涉及一定的空间范围。这些空间范围按照测量的方法可以分为构造尺寸和功能尺寸。

1）构造尺寸

构造尺寸即静态的人体尺寸，是人处于标准状态下测出来的数据。这些数据包括手臂长度、腿长度和坐高等。它对与人体有直接接触关系的物体有较大的设计参考价值，可以为家具设计、服装设计和工业产品设计提供参考数据。人体构造尺寸如图 1-1 至图 1-4 所示。

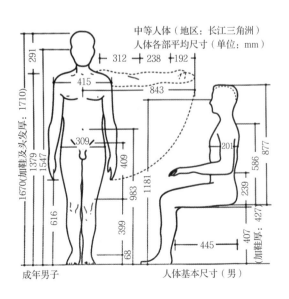

图 1-1　人体构造尺寸数据（男）

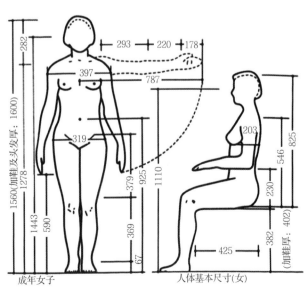

图 1-2　人体构造尺寸数据（女）

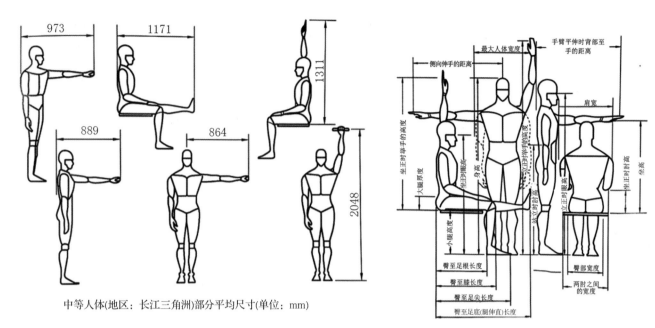

中等人体(地区：长江三角洲)部分平均尺寸(单位：mm)

图 1-3　人体构造尺寸数据部分平均尺寸　　　　　　　图 1-4　室内设计常用的人体测量尺寸

(1)身高：人身体直立、眼睛向前平视时从地面到头顶的垂直距离。

(2)最大人体宽度：人直立时身体正面的宽度。

(3)垂直手握高度：人站立时，手臂向上伸直能握到的高度。

(4)立正时眼高：人身体直立、眼睛向前平视时从地面到眼睛的垂直距离。

(5)大腿厚度：从座椅表面到大腿与腹部交接处的大腿端部之间的垂直高度。

(6)小腿高度：从地面到膝盖背面(腿弯处)的垂直距离。

(7)臀至腘的长度：从臀部最后面到小腿背面的水平距离。

(8)臀至膝盖的长度：从臀部最后面到膝盖骨最前面的水平距离。

(9)臀至足尖的长度：从臀部最后面到脚趾尖的水平距离。

(10)臀至足底(腿伸直)的长度：人坐着时，在腿伸直的情况下，从臀部最后面到足底的水平距离。

(11)坐正时眼高：人坐着时眼睛到地面的垂直距离。

(12)坐正时肘高：从座椅表面到肘部尖端的垂直距离。

(13)坐高：人坐着时，从座椅表面到头顶的垂直距离。

(14)手臂平伸至拇指的距离：人直立、手臂向前平伸时后背到拇指的距离。

(15)坐正时垂直手握高度：人坐正时，从座椅到手臂向上伸直时能握到的距离。

(16)侧向手握距离：人直立、手臂向一侧平伸时，手能握到的距离。

(17)站立时肘高：人直立时肘部到地面的高度。

(18)臀部宽度：臀部正面的宽度。

(19)两肘之间的宽度：两肘弯曲、前臂平伸时，两肘外侧面之间的水平距离。

(20)肩宽：人肩部两个三角肌外侧的最大水平距离。

　　人体尺寸随着年龄、性别和地区的不同而各不相同。同时，随着时代的进步，人们的生活水平逐渐提高，人体的尺寸也在发生变化。中国建筑科学研究院发表的《人体尺度的研究》中有关我国人体的测量值，可以作为设计时的参考，如表 1-1 所示。

表 1-1　不同地区人体各部分平均尺寸

编号	部位	较高人体地区（冀、鲁、辽）		中等人体地区（长江三角洲）		较低人体地区（广东、四川）	
		男	女	男	女	男	女
1	身高	1690	1580	1670	1560	1630	1530
2	最大人体宽度	520	487	515	482	510	477
3	垂直手握高度	2068	1958	2048	1938	2008	1908
4	立正时眼高	1573	1474	1547	1443	1512	1420
5	大腿厚度	150	135	145	130	140	125
6	小腿高度	412	387	407	382	402	377
7	臀至腘长度	451	431	445	425	439	419
8	臀至膝盖长度	601	581	595	575	589	569
9	臀至足尖长度	801	781	795	775	789	769
10	臀至足底长度	1177	1146	1171	1141	1165	1135
11	坐正时眼高	1203	1140	1181	1110	1144	1078
12	坐正时肘高	243	240	239	230	220	216
13	坐高	893	846	877	825	850	793
14	手臂平伸至拇指距离	909	853	889	833	869	813
15	坐正时垂直手握高度	1375	1331	1355	1311	1335	1291
16	侧向手握距离	884	828	864	808	844	788
17	站立时肘高	993	935	983	925	973	915
18	臀部宽度	311	321	309	319	307	317
19	两肘之间的宽度	515	482	510	477	505	472
20	肩宽	420	387	415	397	414	386

2)功能尺寸

功能尺寸是由关节的活动和转动所产生的角度与肢体的长度协调产生的范围尺寸。它对解决许多带有空间范围和位置的问题很有用。相对于构造尺寸,功能尺寸的用途更加广泛,因为人总是在运动着,人体是一个活动的、变化的结构。

运用功能尺寸进行设计时,应该考虑使用人的年龄和性别差异,如在家庭用具的设计中,应当考虑老年人的要求。因为家庭用具一般不必讲究工作效率,主要是使用方便,年轻人可迁就老年人,尤其要考虑厨房用具和卫生间设备的设计,其中老年妇女尤其需要照顾,如图 1-5 所示。

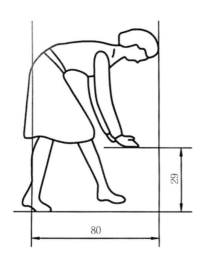

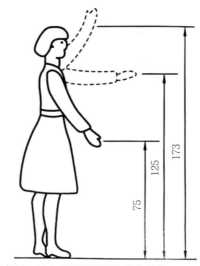

老年妇女弯腰能力的范围(单位:cm)　　　　　　老年妇女站立 时手所能及的高度(单位：cm)

图 1-5　人体功能尺寸图

3. 人体尺寸比例

公元前 1 世纪,罗马建造师维特鲁威就从建筑学的角度对人体尺寸进行了较完整的论述。维特鲁威发现人体基本上以肚脐为中心,一个男人挺直身体,两手侧向平伸的长度恰好就是其高度,双足和双手的指尖正好在以肚脐为中心的圆周上。按照维特鲁威的描述,文艺复兴时期的达·芬奇创作了著名的人体比例图《维特鲁威人》,如图 1-6 所示。

成年人的人体尺寸存在一定的比例关系,对比例关系的研究,可以简化人体测量的复杂过程,只要量出身高,就可以推算出其他尺寸。不同地区、年龄和性别的人的人体比例也不同,如图 1-7 所示。

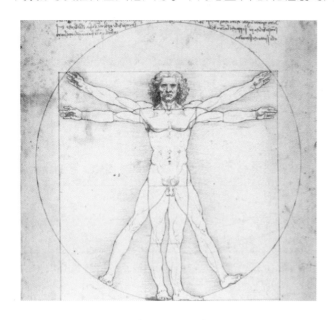

图 1-6　人体比例图《维特鲁威人》

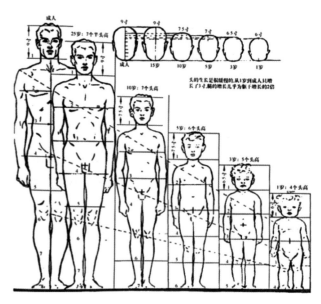

图 1-7　人体比例图

4. 人体尺寸的差异

由于很多复杂的因素都影响人体尺寸,所以个人与个人之间、群体与群体之间在人体尺寸上存在差异,不了解这些差异就不可能合理地使用人体尺寸的数据,也就达不到预期的设计目的。人体尺寸的差异主要有以下几个方面。

1)种族差异

不同的国家、不同的种族,因地理环境、生活习惯和遗传特质的不同,人体尺寸的差异是十分明显的,从越南人平均 160.5 cm 的身高到比利时人平均 179.9 cm 的身高,高差幅度达 19.4 cm。各地区人体尺寸对照表如表 1-2 所示。

表 1-2　各地区人体尺寸对照表　　　　　　　　　　　　　　　　单位:cm

人体尺寸(均值)	德国	法国	英国	美国	瑞士	亚洲
身高	172	170	171	173	169	168
坐高	90	88	85	86	—	—
站立时肘高	106	105	107	106	104	104
膝高	55	54	—	55	52	
肩宽	45	—	46	45	44	44
臀宽	35	35	—	35	34	—

2)时代差异

在过去一百年中观察到的生长加快是一个特别的问题,子女一般比父母长得高,这个问题在总人口的身高平均值上也可以得到证实。欧洲的居民预计每十年身高增加 10～14 mm。因此,若使用三四十年前的数据会导致相应的错误。美国卫生福利部门和教育部门在 1971—1974 年所作的研究表明,大多数女性和男性的身高比 1960—1962 年国家健康调查的结果要高。调查结果中 51% 的男性高于或等于 175.3 cm,而 1969—1962 年只有 38% 的男性达到这个高度。

3)年龄差异

人体尺寸的增长过程,妇女在 18 岁结束,男子在 20 岁结束,但男子到 30 岁才最终停止生长。此后,人体尺寸随着年龄的增长而缩减,而体重和身体宽度却随年龄的增长而增加。美国人研究发现,45～65 岁的人与 20 岁的人相比,身高减 4 cm,体重增 6 kg(男)～10 kg(女)。人体尺寸的年龄差异如图 1-8 所示。

历来关于儿童的人体尺寸的资料是很少的,而这些资料对设计儿童用具、幼儿园和学校是非常重要的。例如,研究表明,只要头部能钻过的间隔,身体就可以过去。根据此项研究,栏杆的间距应必须能防止儿童头部钻过。5 岁幼儿头部的最小尺寸约为 14 cm,如果以它为平均值,为了使大部分儿童的头部不能钻过,栏杆的间距应不超过 11 cm,如图 1-9 所示。

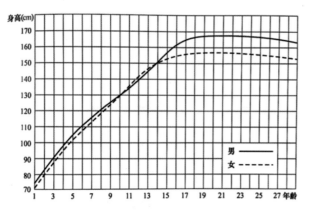

图 1-8　人体尺寸的年龄差异

图 1-9　栏杆的间距

老年人的人体尺寸数据也应当重视,现在世界上进入人口老龄化的国家越来越多。如美国 65 岁以上的人口有 2000 万人,接近总人口的 10%,而且每年都在增加,中国也在逐步迈入老龄化社会。无论男女,上年纪后身高均比年轻时矮,且伸手够东西的能力不如年轻人。

4)性别差异

3～10 岁这一年龄阶段男女的差别很小,同一数值对两性均适用,两性身体尺寸的明显差别从 10 岁开始。一般女性的身高比男性低 10 cm 左右,同时女性与身高相同的男性相比,身体比例是不同的,女性臀部较宽、肩窄、躯干较长、四肢较短,在设计中应特别注意这种差别。根据经验,在腿的长度起作用的地方,考虑女性的尺寸非常重要。

5)其他差异

① 地域性差异,如寒冷地区的人平均身高高于热带地区的人;平原地区的人平均身高高于山区的人。

② 社会差异,社会的发达程度也是一种重要的差别,发达程度高,营养好,平均身高也相对高。

③ 职业差异,如篮球运动员比普通人身高要高出许多。

5. 残障人士

在各个国家,残障人士都占一定的比例。例如乘坐轮椅者,没有大范围乘坐轮椅者的人体测量数据,进行这方面的研究工作是很困难的。首先,应对轮椅的基本尺寸进行了解,如图 1-10 所示。其次,应对乘坐轮椅者的活动范围进行了解,如图 1-11 所示。

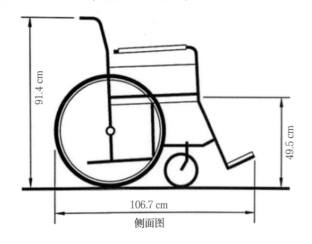

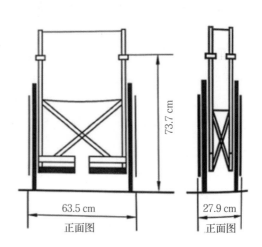

图 1-10　轮椅的基本尺寸

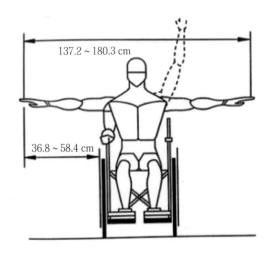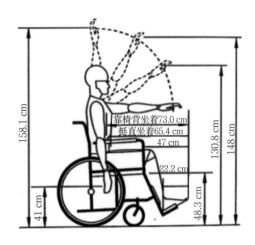

图 1-11   乘坐轮椅者的活动范围

6. 人体工程学与室内设计的关系

1)人体工程学在室内设计中的作用

人体工程学在室内设计中可以为确定空间范围提供依据,为家具设计提供依据,提供适应人体的室内物理环境的最佳参数,为确定感觉器官的适应能力提供依据。

2)人体工程学在室内设计中的运用

(1)确定客厅中的尺度。

客厅也称起居室,是家庭成员聚会和活动的场所,具有多方面的功能。它既是全家娱乐、休闲和团聚的地方,又是接待客人的社会活动空间。客厅的家具布置形式很多,一般以长沙发为主,排成一字形、L 形和 U 形等,同时应考虑多座位与单座位相结合,以适合不同情况下人们的需求。一般以谈话双方正对坐或侧坐为宜,座位之间的距离保持在 2 m 以内。室内交通路线不应穿越谈话区,应使之形成一个相对完整的独立空间,如图 1-12 所示。

电视柜的高度为 400~600 mm,最高不能超过 710 mm。坐在沙发上看电视,座位高 400 mm,座位到眼睛的高度是 660 mm,合起来是 1060 mm,这是视线的水平高度。如果用 29~33 寸的电视机,放在 500 mm 高的电视柜上,这时视线刚好在电视荧光屏的中心,是最合理的布置。如果电视柜高于 710 mm,即变成仰视,根据人体工程学原理,仰视易令人颈部疲劳。至于电视屏幕与人眼睛的距离,则以电视机荧幕宽度的 6 倍为宜。

住宅单座位沙发尺寸一般为 760 mm×760 mm,三座位沙发长度一般为 1750~1980 mm。很多人喜欢进口沙发,这种沙发的尺寸一般是 900 mm×900 mm,把它们放在小型单位的客厅中,会令客厅看起来更狭小。转角沙发也常用,转角沙发的尺寸应为 1020 mm×1020 mm。沙发座位的高度约为 400 mm,座位深 530 mm 左右,沙发的扶手一般高 560~600 mm。所以,如果沙发无扶手,而用角几和边几的话,角几和边几的高度也应为 600 mm。

茶几的尺寸一般是 1070 mm×600 mm,高度是 400 mm。中大型单位的茶几,有时会用 1200 mm×1200 mm 的尺寸,这时,其高度会降低至 250~300 mm。茶几与沙发的距离为 350 mm 左右。沙发尺寸和沙发间距尺寸如图 1-13 和图 1-14 所示。

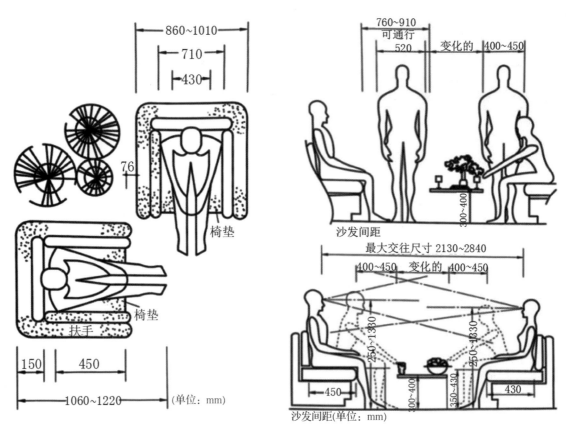

图 1-12 独立空间的设计及尺寸

图 1-13 沙发尺寸与间距尺寸一

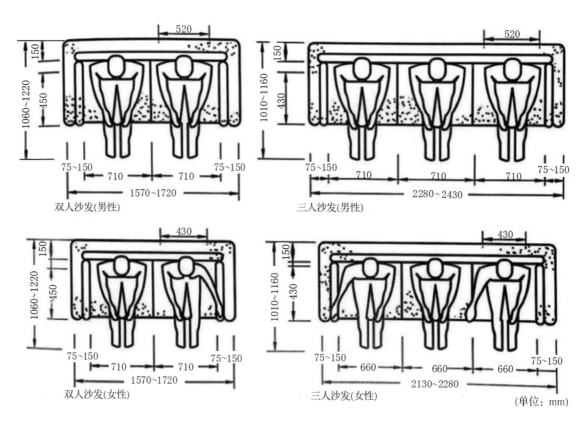

图 1-14 沙发尺寸与间距尺寸二

（2）确定餐厅中的尺度。

正方形餐桌常用尺寸为 760 mm×760 mm，长方形餐桌常用尺寸为 1070 mm×760 mm。760 mm 的餐桌宽度是标准尺寸，最小不能小于 700 mm，否则对坐时会因餐桌太窄而互相碰脚。餐桌高度一般为 710 mm，配415 mm 高度的座椅。圆形餐桌常用尺寸为直径 900 mm、1200 mm 和 1500 mm，分别坐 4 人、6 人和 10 人。

餐椅座位高度一般为 410 mm 左右，靠背高度一般为 400～500 mm，较平直，有 2°～3°的外倾，坐垫厚为 20 mm。餐桌尺寸如图 1-15 和图 1-16 所示。

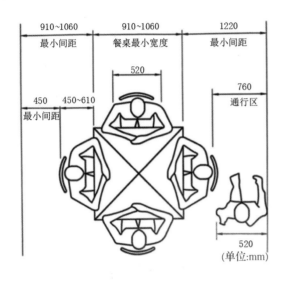

图 1-15　餐桌尺寸一

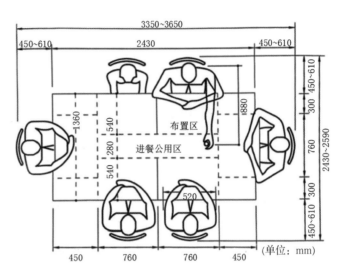

图 1-16　餐桌尺寸二

（3）确定卧室的尺度。

卧室是人们休息的场所，卧室的主要家具有床、床头柜、衣柜和梳妆台等。床的长度是人的身高加 220 mm 枕头位，约为 2000 mm。床的宽度有 900 mm、1350 mm、1500 mm、1800 mm 和 2000 mm 等。床的高度，以被褥面来计算，常用 460 mm，最高不超过 500 mm，否则坐时会吊脚，很不舒服。被褥的厚度为 50～180 mm 不等，为了保持褥面高度 460 mm，应先决定用多高的被褥，再决定床架的高度。床底若设置储物柜，则应缩入 100 mm。床头屏可做成倾斜效果，倾斜度为 15°～20°，这样使用时较舒服。床头柜与床褥面同高，过高会撞头，过低则放物不便。床的尺寸如图 1-17 所示。

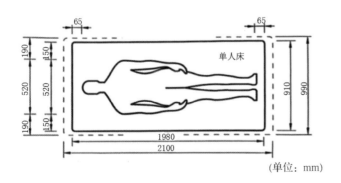

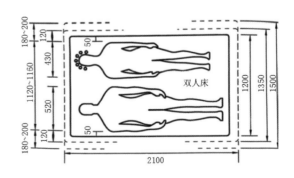

图 1-17　单人床、双人床的尺寸

在儿童卧室中常用上下铺，下铺床褥面到上铺床板的空位高度不小于 900 mm，应保证上铺到天花板的空间高度不小于 900 mm，否则起床时会碰头。

衣柜的标准高度为 2440 mm,分下柜和上柜,下柜高 1830 mm,上柜高 610 mm,如设置抽屉,则抽屉每个高 200 mm。衣柜的宽度一个单元两扇门共为 900 mm,各扇 450 mm,衣柜的深度常用 600 mm,连柜门最窄不小于 530 mm,否则会夹住衣服。衣柜柜门上如镶嵌全身镜,常用尺寸为 1070 mm×350 mm,安装时镜子顶端与人的头顶高度齐平。

(4)确定厨房的尺度。

厨房的家具主要是橱柜,橱柜的设计应以家庭主妇的身体条件为标准。橱柜分为低柜和吊柜,低柜工作台的高度应以家庭主妇站立时手指能触及水盆底部为准。常用的低柜尺寸是 810~840 mm,工作台面宽度不小于 460 mm。低柜工作台面到吊柜的高度是 600 mm,最低不小于 500 mm。油烟机的高度应使炉面到机底的距离为 750 mm 左右。冰箱如果是在后面散热的,两旁要各留 50 mm,顶部要留 250 mm,否则散热慢,将会影响冰箱的功能。吊柜深度为 300~350 mm,高度为 500~600 mm,应保证站立时举手可开柜门。橱柜脚最易渗水,可将橱柜吊离地面 75~150 mm。厨房尺寸如图 1-18 所示。

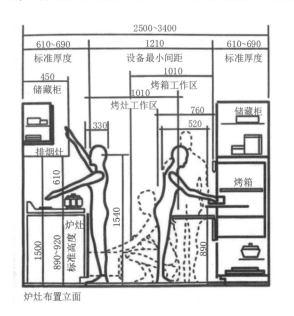
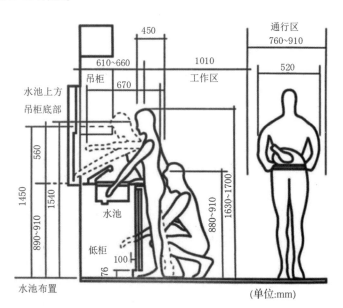

图 1-18 厨房尺寸

(5)确定卫生间尺度。

卫生间主要由坐便器、淋浴间(或浴缸)和盥洗台三部分组成。坐便器所占的面积为 370 mm×600 mm;正方形淋浴间的面积为 900 mm×900 mm,浴缸的标准面积为 1600 mm×700 mm;悬挂式盥洗台占用的面积为 500 mm×700 mm,圆柱式盥洗台占用的面积为 400 mm×600 mm。浴缸和坐便器之间至少要有 600 mm 的距离。而安装一个盥洗台,并能方便地使用,需要的空间为 900 mm×1050 mm,这个尺寸适用于中等大小盥洗台,并能容纳一个人洗漱。坐便器和盥洗台之间至少要有 200 mm 的距离。浴室镜应该装在 1350 mm 的高度上。

二、环境心理学与室内设计

1. 环境心理学的含义

环境心理学是研究环境与人的行为之间的相互关系的学科。它着重从心理学和行为的角度,探讨人与环境的最优化,即怎样的环境是最符合人们心愿的。环境心理学与多门学科,如医学、心理学、环境保护学、社会学、人体工程学、人类学、生态学及城市规划学、建筑学、室内环境学等学科关系密切。

环境心理学非常重视生活于人工环境中的人们的心理倾向,结合选择环境与创建环境,着重研究下列问题:环境和行为的关系,怎样进行环境的认知,环境和空间的利用,怎样感知和评价环境,在已有环境中人的行为和感觉。

2. 室内环境中人的心理与行为

人在室内环境中,其心理与行为尽管有个体之间的差异,但从总体上分析仍然具有共性,仍然具有以相同或类似的方式做出反应的特点,这也正是设计的基础。

下面列举几种室内环境中人们的心理与行为方面的情况。

1)领域性与人际距离

人在室内环境中的生活、生产活动,总是力求不被外界干扰或妨碍。

赫尔以动物的环境和行为的研究经验为基础,提出了人际距离的概念,根据人际关系的密切程度、行为特征确定人际距离,即分为密切距离、人体距离、社会距离和公众距离。每类距离,根据不同的行为性质再分为接近相和远方相。当然因民族、宗教信仰、性别、职业和文化程度等的不同,人际距离也会有所不同。

2)私密性与尽端趋向

如果说领域性主要在于空间范围,则私密性涉及在相应空间范围内包括视线、声音等方面的隔绝要求。私密性在居住类室内空间中要求更为突出。

日常生活中人们还会非常明显地观察到,集体宿舍里先进入宿舍的人,如果允许挑选床位,他们总愿意挑选在房间尽端的床铺,可能是由于生活、就寝时相对地较少受干扰。同样的情况也见之于就餐时人对餐厅中餐桌座位的挑选,相对地人们最不愿意选择近门处及人流频繁通过处的座位,餐厅中靠墙卡座的设置,由于在室内空间中形成更多的"尽端",也就更符合散客就餐时尽端趋向的心理要求,如图 1-19 所示。

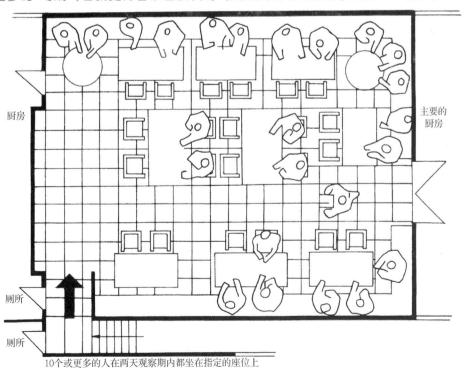

厨房

主要的厨房

厕所

厕所

10个或更多的人在两天观察期内都坐在指定的座位上

图 1-19　尽端趋向的心理要求

3)依托的安全感

生活活动在室内空间的人们,从心理感受来说,并不是越开阔、越宽广越好,人们通常在大型室内空间中更愿意有所"依托"。

在火车站和地铁站的候车厅或站台上,人们并不较多地停留在最容易上车的地方,而是愿意待在柱子边,人群相对散落地汇集在厅内、站台上的柱子附近,适当地与人流通道保持距离。在柱边人们感到有了"依托",更具安全感,如图1-20所示。

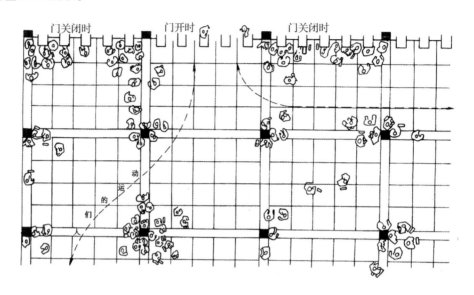

图 1-20 人们的"依托"感

4)从众与趋光心理

从一些公共场所内发生的非常事故中可以观察到,紧急情况下人们往往会盲目跟从人群中领头的几个急速跑动的人,不管其去向是否是安全疏散口。同时,人们在室内空间中流动时,具有从暗处往较明亮处流动的趋向,紧急情况下语言引导会优于文字的引导。

上述心理和行为现象提示设计者在创造公共场所室内环境时,应注意空间与照明等的导向,标志与文字的引导固然也很重要,但从紧急情况下的心理与行为来看,对空间、照明、音响等更需予以高度重视。

5)空间形状的心理感受

由各个界面围合而成的室内空间,其形状特征常会使活动于其中的人们产生不同的心理感受。著名建筑师贝聿铭先生曾对他的作品——具有三角形斜向空间的华盛顿国家美术馆东馆——有很好的论述。他认为三角形、多灭点的斜向空间常给人以动态和富有变化的心理感受。

3. 环境心理学在室内设计中的应用

环境心理学原理在室内设计中的应用面极广,暂且列举下述几点。

1)室内环境设计应符合人们的行为模式和心理特征

在大型商场中,顾客的行为已从单一的购物发展为购物—游览—休闲—获取信息—得到服务等行为。购物要求尽可能接近商品,亲手比较挑选,由此自选及开架布局的,与茶座、游乐、托儿服务等集于一体的商场应运而生。

2)环境认知模式和心理行为模式对组织室内空间的提示

从环境中接受初始刺激的是感觉器官,评价环境或做出相应行为反应判断的是大脑,因此,可以说对环境的认知是由感觉器官和大脑一起进行的。对人们认知环境模式的了解,结合对心理行为模式种种表现的理解,能够使设计者在组织空间、确定其尺度范围和形状、选择其光照和色彩的时候,拥有比单纯从使用功能、人体尺度等起始的设计依据更为深刻的提示。

3)室内环境设计应考虑使用者的个性与环境的相互关系

环境心理学从总体上既肯定人们对外界环境的认知有相同或类似的反应,又十分重视作为使用者的人的个性对环境设计提出的要求,提倡充分理解使用者的行为、个性,在塑造环境时予以充分尊重。另一方面,也要注意环境对人的行为的引导、对个性的影响,甚至一定程度和意义上的制约,在设计中辩证地掌握合理的分寸。

三、室内装修施工与室内设计

室内装修施工是室内设计的技术实施阶段,设计师对施工方进行图纸技术交底,核对图纸和现场的实际情况,进行各专业间的协调。

室内装饰过程一般有水电工、泥工、木工和油漆工等四大工种。

水电工的任务包括水路和电路改造、开关插座及灯具的安装、卫生洁具及厨卫五金配件的安装等。泥工的任务主要包括土建改造、铺贴墙地砖、地面的水泥找平等,在以往还包括水泥收光地面的处理。木工在室内装饰过程中主要负责门窗制作及安装、包门套、吊顶(塑扣和铝扣吊顶、夹板吊顶、石膏板吊顶等)制作、家具制作、木地板铺设等主要项目。油漆工主要从事乳胶漆、木制品油漆、地面漆、地板漆的喷刷等工作。

室内装饰工程的进场顺序为:

(1)设计师与施工方的技术交底;

(2)泥工土建改造;

(3)水电铺设管线;

(4)泥工铺卫生间墙地砖;

(5)木工(吊顶、家具);

(6)油漆工(刷乳胶漆、家具面漆等);

(7)水电工安装卫生洁具及灯具。

注意事项如下。

(1)整体橱柜,在进行技术交底后,设计师量粗略尺寸进行设计,之后进行水电定位。

(2)如赶工期,木工和水电工可同时进场。

(3)刷乳胶漆和铺设地砖之间的正确衔接工序为:乳胶漆先刮两道腻子,刮完后铺设地砖,地砖铺完后再刷墙面的乳胶漆面漆。

(4)木门的安装在地砖或地板铺设以后进行,塑钢门的安装在地砖或地板铺设之前进行。

如果室内装饰工程包含整体橱柜的设计,则整体厨柜的设计应该先行,先通过设计方案进行水电定位,确

定厨房开关插座及进水、下水的布置,待厨房墙地砖贴完后再进行精确测量,厂家进行橱柜加工,再到现场进行组装。

> 习题

1.室内设计按照性质和内容来分,分别有哪些？室内设计的思考方法有哪些？

2.人体工程学的基本数据是如何分类的？这些数据的基础是什么？人体工程学的作用是什么？

3.室内环境的心理与行为有哪些？在实际生活中有哪些运用？请举例说明。

Shinei Sheji Yuanli yu Shijian

第二章
现代室内设计的常用风格及特点

本章主要介绍现代室内设计常用的几种设计风格,并对这几种类型的风格进行案例分析。

培养熟练运用各类室内设计风格的能力。

了解各类室内设计风格的要素和特点,以及各类风格适合的不同人群与室内环境。

通过学习能够明确辨别各类设计风格,能够分析不同设计风格的室内空间的优点和缺点,并能将各设计要素运用于室内设计之中。

第一节
古 典 风 格

一、古典风格的特点及分类

最早的古典主义,是指古典欧式风格,包含英式古典、法式古典等;从历史时期看,又有文艺复兴式、巴洛克式、洛可可式等;发展到现在,已经有了欧式古典、新古典及中式古典这些不同的分类。

1. 欧式古典风格

欧式古典风格是一种追求华丽、高雅的古典风格,其设计风格直接对欧洲建筑、家具、文学、绘画甚至音乐艺术产生了极其重大的影响。欧式古典风格具体可以分为六种:罗马风格、哥特式风格、文艺复兴风格、巴洛克风格、洛可可风格和新古典主义风格。欧式古典风格的家具最为完整地继承和表达了欧式古典风格的精髓,也最为后世所熟知,尤其是以塞特维那皇室家具为代表的欧式古典家具完整保存了欧式古典风格,在传承、发扬欧式古典文化方面起到了重要作用。

2. 新古典风格

新古典风格从简单到繁杂、从整体到局部,精雕细琢,镶花刻金,都给人一丝不苟的印象。一方面保留了材质、色彩的大致风格,让人仍然可以很强烈地感受传统的历史痕迹与浑厚的文化底蕴;另一方面又摒弃了过于复杂的肌理和装饰,简化了线条。

3. 中式古典风格

中式古典风格的室内设计,在室内布置、线形、色调及家具、陈设的造型等方面,吸取传统装饰"形""神"的特征。例如,吸取我国传统木构架建筑室内的藻井、天棚、挂落、雀替的构成和装饰特征,吸取明、清家具的造型和款式特征等。

中式古典风格的主要特征,是以木材为主要建材,充分发挥木材的物理性能,创造出独特的木结构或穿斗式结构,讲究构架制的原则,建筑构件规格化,重视横向布局,利用庭院组织空间,用装修构件分合空间,注重环境与建筑的协调,善于用环境创造气氛。

中式古典风格的民族气息很浓,特别是在色调上,以朱红色、绛红色、咖啡色等为主要色,显得尤为庄重。

二、典型案例分析

案例一:欧式古典风格,如图 2-1 至图 2-5 所示。

图 2-1　欧式古典风格案例——入口玄关　　　　图 2-2　欧式古典风格案例——餐厅

图 2-3　欧式古典风格案例——书房　图 2-4　欧式古典风格案例——二层走道　图 2-5　欧式古典风格案例——卧室

　　本案例是位于北京市昌平区的一幢别墅,面积为 394 m^2,设计为欧式古典风格中的巴洛克式。这种样式雄浑厚实,在运用直线的同时也强调线形流动变化的特点,这种样式具有许多的装饰和华美的效果。在室内将绘

画、雕塑、工艺集中于装饰和陈设上,墙面装饰以展示精美画作为主,有时也会展示法国壁毯、大型镜面或大理石,色彩华丽且用金色予以协调,构成室内庄重豪华的气氛。

　　本案例设计伴随着灵动的金色花纹壁纸、餐厅中造型独特的黄色落地灯、会客室的红色法兰绒沙发、客厅的黑色亮光漆壁炉,搭配上精美的相框、高雅透亮的水晶灯饰品,又将设计考究的家具穿插在其中,形成光彩照人、绚丽夺目的效果,让人总有目不暇接的惊喜。

　　案例二:中式古典风格,如图2-6至图2-9所示。

　　这套房子的结构改造使得整个空间更加开阔,色调上运用了配合外环境黑瓦白墙的颜色,让整个空间更加干净、清爽,极具现代感。沙发和桌椅延续了黑白灰的简约,暖灰色的地砖和餐厅的红色装饰物,使得整个空间跳跃、灵动起来,现代气息更加浓烈。楼上走廊的木地板和门套用的是暖色调,这和黑白灰所构成的空间刚好三七分,形成视觉上的黄金分割。随意飘洒的红色花瓣,墙上的古老照片,一种旧上海的情调涌现出来。阳光透过窗户照射进来,悠闲而安静,配上自然的防腐木,让人觉得这阳台更加温馨贴切。

图2-6　中式古典风格案例——入口与客厅　　　　图2-7　中式古典风格案例——二楼家庭室与阳台

图2-8　中式古典风格案例——客厅一角　　　　图2-9　中式古典风格案例——餐厅

第二节
田 园 风 格

一、田园风格的特点及分类

1. 美式田园风格

美式田园风格非常重视生活的自然舒适性,充分显示出乡村的朴实风味。它摒弃了烦琐与奢华,兼具古典主义的优美造型与新古典主义的完备功能,既简洁明快,又便于打理,自然更适合现代人日常使用。

美式田园风格讲究的是一种切身体验,是人们从家居中所感受到的那份日出而作、日落而息的宁静与闲适。如果非要用几个字来概括,那么"摒弃奢华,回归乡村"应该最为恰当。

2. 泰式田园风格

泰式田园风格营造的是一种清雅、休闲的气氛,佛像、纱幔、香薰灯等经典配饰将泰式田园风格演绎到极致。高大的宽叶植物点缀,使得这类家居更显热带风情。泰式田园风格家具显得粗犷,但平和且容易接近,多采用做旧工艺,不同样式的雕花使得家具充满异域风情。家具的油漆通常以单一色为主,强调实用性,同时也非常重视家具的装饰性,适当的金属点缀也使得家具更添迷人色彩。家具的材质多为柚木,光亮感强,也有椰壳、藤等材质的家具。色调以咖啡色、深褐色和暗红色为主。

3. 英式田园风格

英式田园风格以英国 20 世纪三四十年代的郊野风光为原型,勾勒出返璞归真的自然景色及古朴实在的温馨情怀。保持木、藤、铁的本色,结构简约明了,图案搭配清爽简洁,叶片、葡萄、花朵只是起到点缀的作用,跃然成为家具上田园景色的浮光掠影。

4. 法式田园风格

法式田园风格强调优雅柔美的线条,体现了法国深厚的历史背景和法国人高雅与浪漫的气质。法国田园风格家具多以原色松木和灵巧的樱桃木为主要材质,并经常运用洗白处理及大胆的配色来进行后期的加工处理。家具的洗白处理能使家具呈现出古典美,而红色、黄色、蓝色三色的搭配,则显露出土地肥沃的景象,而椅脚被简化的卷曲弧线及精美的纹饰也是法式优雅乡村生活的体现。

二、典型案例分析

案例一:美式田园风格,如图 2-10 至图 2-13 所示。

本案例带着一种淳朴自然的味道,空间的功能划分合理明确。在家居配饰上,牛皮的家居带着大自然的野性,再配以大气的雕花家具,自然粗糙的外形不乏细节上的精雕细琢,通过木材的纹理、节疤来表现材质的粗犷美,更增强了室内的自然气氛。不难看出每一件家具都是为这个房间量身定制的,尺寸、色彩和造型与空间都很和谐。用花朵图案和各种纹路作为装饰的布艺是美式田园风格中非常重要的元素。不论是感觉笨重的家具,还是带有岁月沧桑感的配饰,都在向人们展示生活的舒适和自由。

图 2-10　美式田园风格案例——客厅一角

图 2-11　美式田园风格案例——客厅与餐厅

图 2-12　美式田园风格案例——卧室一角

图 2-13　美式田园风格案例——室内公共休闲空间

　　案例二:英式田园风格,如图 2-14 至图 2-19 所示。

　　本案例中,英式手工制作的沙发线条流畅柔美,布面花色秀丽,注重布面的配色及其对称之美,越是浓烈的花卉图案或条纹格子就越能传达出英式田园风格的味道。

　　手绘工艺也是英式田园风格里具有代表性的工艺手法。手绘家具和手绘工艺品是其中的代表。手绘家具是田间劳作休憩时的涂鸦之作,不同的田间劳作产生了不同风格的绘画主题。手绘方法有轻色手绘和重色手绘,轻色手绘多用于英式田园风格,适合大件家具,比如床、大衣柜、酒柜等家具的制作,与趋向于简约风格的现代家具也很容易搭配。

图 2-14　英式田园风格案例——
电视背景墙

图 2-15　英式田园风格案例——
餐厅

图 2-16　英式田园风格案例——
客厅一角

图 2-17　英式田园风格案例——
书房一角一

图 2-18　英式田园风格案例——
书房一角二

图 2-19　英式田园风格案例——
主卧卫生间

第三节
现代简约风格

一、现代简约风格的起源和特点

1. 现代简约风格的起源

简约主义源于 20 世纪初期的西方现代主义,早期的现代室内设计中简约主义设计理论来源于西方,现代

主义建筑大师密斯·凡·德·罗(Mies van der Rohe)高度强调和提倡"少即是多"的设计原则,讲究功能主义,无装饰,简单却不单调。

2. 现代简约风格的特点

装饰要素:金属灯罩、玻璃灯＋高纯度色彩＋线条简洁的家具＋到位的软装。金属是工业化社会的产物,也是体现简约风格最有力的素材。

空间简约,色彩就要跳跃出来。苹果绿、深蓝、大红、纯黄等高纯度色彩大量运用,大胆而灵活,不单是对简约风格的遵循,也是对个性的展示。

强调功能性设计,线条简约流畅,色彩对比强烈,这是现代风格家具的特点。此外,大量使用钢化玻璃、不锈钢等新型材料作为辅材,也是现代风格家具的常见装饰手法,能给人带来前卫、不受拘束的感觉。由于线条简单、装饰元素少,现代风格家具需要完美的软装配合,才能显示出美感。

二、典型案例分析

案例:本方案是一处 132 m² 现代简约风格的三房两厅住宅,如图 2-20 至图 2-25 所示。

图 2-20　现代简约风格案例——客厅一角

图 2-21　现代简约风格案例——餐厅

图 2-22　现代简约风格案例——主卧一角

图 2-23　现代简约风格案例——主卧与书房

图 2-24　现代简约风格案例——客卧

图 2-25　现代简约风格案例——卫生间

　　沙发背景墙以时尚镜面衔接粗犷纹理的矿石板,打造立面的视觉冲击力。以石材表现不对称的斜角,收放自如地兼顾实用与美观效果。玻璃划分出书房空间,光滑黑亮的质感对比,轻易打造出地面焦点。地面的深浅转换,让空间的不同属性立马展现。天花板从建筑概念出发,融入有宽有窄的线条;规格相同的嵌灯错开排列,使简单的设计元素营造出不凡的氛围,实现轻盈通透的绝佳视觉效果。

第四节
地中海风格

一、地中海风格的特点

1. 地中海风格元素

　　地中海周边国家众多,民风各异,但是独特的气候特征还是让各国的风格呈现出一些一致的特点。地中海风格的灵魂,目前比较一致的看法就是蔚蓝色的浪漫情怀,海天一色、艳阳高照的纯美自然。

2. 地中海风格的特征

1)拱形的浪漫空间

　　地中海风格的建筑特色是拱门与半拱门、马蹄状的门窗。建筑中的圆形拱门及回廊通常采用数个连接或垂直交接的方式,在走动观赏中,呈现延伸般的透视感。此外,家中的墙面处(只要不是承重墙),均可运用半穿凿或全穿凿的方式来塑造室内的景中窗。这是地中海家居的一个情趣之处。

2)纯美的色彩方案

　　地中海的色彩确实太丰富了,按照地域自然出现了三种典型的颜色搭配。

(1)蓝色与白色:比较典型的地中海颜色搭配。这种搭配从西班牙、摩洛哥海岸延伸到地中海的东岸希腊。希腊的白色村庄与沙滩和碧海蓝天连成一片,甚至门框、窗户、椅面都是蓝与白的配色,加上混着贝壳、细沙的墙面,小鹅卵石地,拼贴马赛克,金银铁的金属器皿,将蓝与白不同程度的对比与组合发挥到极致。

(2)黄色、蓝紫色和绿色:意大利南部的向日葵、法国南部的薰衣草花田,金黄色及蓝紫色的花开与绿叶相映,形成一种别有情调的色彩组合,十分具有自然的美感。

(3)土黄色及红褐色:北非特有的沙漠、岩石、泥、沙等天然景观颜色,辅以北非土生植物的深红色、靛蓝色,再加上黄铜色,带来一种大地般的浩瀚感觉。

3)不修边幅的线条

线条是构造形态的基础,因而在家居中是很重要的设计元素。地中海沿岸房屋或家具的线条不是直来直去的,显得比较自然,因而无论是家具还是建筑,都形成一种独特的浑圆造型。白墙的不经意涂抹修整的结果也形成一种特殊的不规则表面。

4)独特的装饰方式

家具尽量采用低彩度、线条简单且修边浑圆的木质家具,地面则多铺赤陶或石板。马赛克镶嵌、拼贴在地中海风格中算较为华丽的装饰,主要利用小石子、瓷砖、贝类、玻璃片、玻璃珠等素材,切割后再进行创意组合。

在室内,窗帘、桌巾、沙发套、灯罩等均以低彩度色调和棉织品为主。素雅的小细花条纹格子图案是主要风格。独特的锻打铁艺家具,也是地中海风格独特的美学产物。地中海风格的家居还要注意绿化,爬藤类植物是常见的家居植物,小巧可爱的绿色盆栽也常见。

二、典型案例分析

案例:本案例是位于苏州的一户面积为 120 m^2 的三室两厅住宅,如图 2-26 至图 2-33 所示。

由于建筑本身的层高不高,还有几处梁,选择地中海混搭田园风格,做一些拱门,正好可以把梁弱化。入户花园造型简单,屋顶的假梁是旧物利用,仿古地砖采用镶嵌鹅卵石斜铺的方式,既营造了地中海自然粗朴的风格,又新颖别致。

图 2-26　地中海风格案例——入口玄关　　图 2-27　地中海风格案例——书房一角　　图 2-28　地中海风格案例——厨房

图 2-29　'地中海风格案例——餐厅　图 2-30　地中海风格案例——玄关背面吧台　图 2-31　地中海风格案例——入口矮阔门

图 2-32　地中海风格案例——客厅　　　　　图 2-33　地中海风格案例——卫生间一角

　　入户花园一角的铁艺窗也是住户的杰作,使空间显得灵活、通透。书房中,蓝色的竖条纹壁纸、简单的白色书桌椅、挂在墙上的渔网、倚墙而立的船形搁物架,这样简单的搭配,却营造出浓郁的海洋风格。

　　客厅里深浅不一的蓝色奠定了家的主色调,公园长椅式样的鞋柜,实用美观。从餐厅可以看到厨房的小卡座,收纳和美观并存。蓝色的卡座和绿色的植物,构成夏日的清凉。局部的碎花壁纸及色彩鲜明的墙面装饰物,将这个冷色空间点缀得温馨。

　　整个家中色调变化最大的是卫生间,温暖的淡黄色和艳丽的玫红色搭配,使这里与公共区域的纯净蓝色形成强烈对比,充满了浪漫的情趣。

第五节
北 欧 风 格

一、北欧风格的特点与类型

1. 北欧风格的含义

北欧风格,是指欧洲北部国家挪威、丹麦、瑞典、芬兰及冰岛等国的艺术设计(主要指室内设计及工业产品设计)风格。

2. 北欧风格的特点

(1)在建筑室内设计方面,就是室内的顶、墙、地三个面,完全不用纹样和图案装饰,只用线条、色块来区分和点缀。

(2)在家具设计方面,产生了完全不使用雕花、纹饰的北欧家具,实际上的家具产品也是形式多样。如果说它们有什么共同点的话,那一定是简洁、直接、功能化且贴近自然。一份宁静的北欧风情,绝非蛊惑人心的虚华设计。

北欧风格以简洁著称,并影响到后来的极简主义、简约主义、后现代等风格。在 20 世纪风起云涌的工业设计浪潮中,北欧风格的简洁被推到极致。

北欧地区由于地处北极圈附近,气候非常寒冷,有些地方还会出现极夜。因此,北欧人在家居色彩的选择上,经常会使用那些鲜艳的纯色,而且面积较大。随着生活水平的提高,在 20 世纪初北欧人也开始尝试使用浅色调来装饰空间,这些浅色调往往和木色相搭配,创造出舒适的居住氛围。

北欧风格的另一个特点,就是黑、白色的使用。黑、白色在室内设计中属于"万能色",可以在任何场合,同任何色彩搭配。但在北欧风格的家庭居室中,黑、白色常常作为主色调或重要的点缀色使用。

3. 北欧风格的类型

在古代,北欧风格以哥特式风格为主。现代,大体来说北欧风格基本分类有两种,一种是充满现代造型线条的现代风格(modern style),另一种则是崇尚自然、乡间的质朴的自然风格(nature style)。

现代北欧风格总的来说可以分为三个流派,因为地域文化的不同所以有了区分,分别是瑞典设计、丹麦设计、芬兰设计。三个流派统称为北欧风格设计。

4. 北欧风格的家具设计风格

1)丹麦设计

丹麦设计的精髓是以人为本,如设计一把椅子、一张沙发,丹麦设计不仅仅追求它的造型美,更注重从人体结构出发,讲究它的曲线如何与人体接触时达到完美的结合。它突破了工艺、技术僵硬的理念,融进人的主体意识,从而变得充满理性。

2)芬兰人的造型天赋

到 20 世纪 60 年代,芬兰人开始反省,渐渐将设计风格沉淀为平实、实用,与生活密切结合,更深度地利用国内现有材料,扩大消费群,扩大生产规模,逐渐形成芬兰家具的现代特色。他们在强调设计魅力的同时,致力于新材质的研究开发,终于生产出造型精美、色泽典雅的塑胶家具,令人耳目一新。

3)瑞典摩登家具

与丹麦风格不同的是,瑞典风格并不十分强调个性,而更注重工艺性与市场性较高的大众化家具的研究开发。瑞典家具偶尔也会受到丹麦风格的影响,采用柚木、紫檀木等名贵材质制作高级家具,但从传统上,瑞典人更喜欢用本国盛产的松木、白桦制作白木家具。瑞典家具设计风格更追求便于叠放的层叠式结构,线条明朗,简化流通,以便制作,并以此凝结瑞典家具的现代风格。

4)挪威家具的个性

挪威家具设计别具匠心,富有独创性。它在成型板材及金属运用上,常常给人意想不到的独特效果,并起到强化风格的作用。

挪威的家具风格大致分两类,一类以出口为目的,在材质选用及工艺设计上均十分讲究,品质典雅高贵,为家具中的上乘之作;另一类则崇尚自然、质朴,具有北欧乡间的浓郁气息,极具民间艺术风格。

5. 北欧风格家具的特点

北欧风格的家具通常具有多功能、可拆装折叠、可随意组合的特点。通常是在家具店中选中样品后,买回一套附有装配图和零件的成型板材,根据个人需要和喜好自行装配。这种生产方式促使北欧家具的制作工艺越来越先进,用材的表面处理越来越复杂,家具的质量和光洁度也需达到相当高的水平。手工艺这种在现代工业社会被看作活标本的技术,仍然在北欧国家的设计中广泛使用。

二、典型案例分析

案例:本案例为哥德堡市的一套 114 m² 四居的公寓,如图 2-34 至图 2-37 所示。

这套公寓拥有美丽的橡木地板,超大的窗户,大理石做的窗台,屋顶华丽的灰泥装饰,白色的墙漆,美丽的双门房间。大厅和客厅的连接处是餐厅的理想之所。朝着院子的主卧是公寓主人双胞胎孩子的空间,房间西南位置的窗户,允许足够的阳光进入,可以嗅到夏日阳光的温暖味道,并不受大城市噪声的骚扰。在厨房旁边有个较小的房间,从原来孩子的房间变成了工作间或客房,午后的阳光可以肆意从一扇窗或一扇门照进来。

图 2-34　北欧风格案例——厨房与餐厅　　图 2-35　北欧风格案例——休闲室一角

图 2-36　北欧风格案例——客厅全貌　　　　图 2-37　北欧风格案例——主卧一角

第六节
LOFT 风格

一、LOFT 风格的特点

最初的 LOFT 字面意义是仓库、阁楼的意思,但这个词在 20 世纪后期逐渐时髦而且演化成为一种时尚的居住与生活方式时,其内涵已经远远超出了这个词语的最初含义。

1. 起源

20 世纪 40 年代,LOFT 居住生活方式首次在美国纽约出现。

当时,艺术家与设计师利用废弃的工业厂房,从中分隔出居住、工作、社交、娱乐、收藏等各种空间,在很大的厂房里,构造各种生活方式,创作行为艺术,或者办作品展。而这些厂房后来也变成了最具个性、最前卫、最受年轻人青睐的地方。

2. 要素

LOFT 的定义要素主要包括:高大而开敞的空间,上下双层的复式结构,类似戏剧舞台效果的楼梯和横梁;流动性,户型内无障碍;透明性,降低私密程度;开放性,户型间全方位组合;艺术性,通常是业主自行决定所有风格和格局。

3. 特征

LOFT 作为一种建筑形式,越发受人喜欢,甚至成为一种城市重新发展的主要潮流,它为城市人的生活方式带来激动人心的转变,也对新时代的城市美学产生极大影响。

在这空旷沉寂的空间中,弥漫着设计师和居住者的想象,他们听凭自己内心的指引,将这大跨度流动的空间任意分隔,打造夹层、半夹层,设置接待区和大而开敞的办公区。

4. 居住方式

LOFT 的空间有非常大的灵活性,人们可以随心所欲地创造梦想中的家、梦想中的生活,丝毫不会被已有的构件制约。人们可以让空间完全开放,也可以对其分隔,从而使它蕴含个性化的审美情趣。从此,粗糙的柱壁、灰暗的水泥地面、裸露的钢结构不再是旧仓库的代名词。

LOFT 象征先锋艺术与艺术家的生活和创作,它对花园洋房这样的传统居住观念提出了挑战,对现代城市有关工作、居住分区的概念提出挑战,工作和居住不必分离,可以发生在同一个大空间中,厂房和住宅之间出现了部分重叠。

二、典型案例分析

案例一:重型汽车维修工厂改造,如图 2-38 至图 2-42 所示。

工厂原有的墙面、地面和横梁都被很好地保留下来。这样的保留正好最大限度地体现了 LOFT 的高空间、通透性、金属感、砖砌墙面、原木台面、装饰性等风格特色。原有的墙面和金属钢架都被重新粉刷过,使空间变得相对整洁一些,厨房的金属台面与餐桌的木质台面形成了冷暖、软硬的对比,使此处充满冲突的戏剧性又能通过周边的地板、墙砖等材质过渡融合。

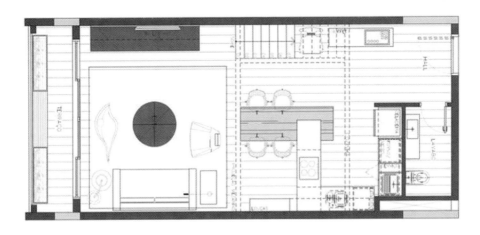

图 2-38　重型汽车维修工厂改造案例——一层平面图

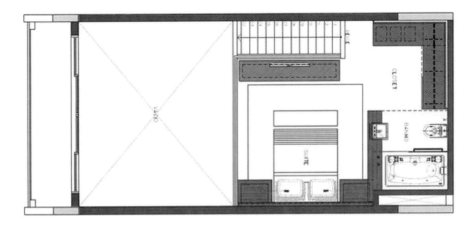

图 2-39　重型汽车维修工厂改造案例——二层平面图

图 2-41　重型汽车维修工厂改造案例——从客厅看向餐厨

图 2-40　重型汽车维修工厂改造案例——客厅与餐厅　　　图 2-42　重型汽车维修工厂改造案例——二层卧室一角

　　整个房子充分利用了原厂房的大玻璃采光,通透的设计将光线毫无遗漏地引入每个功能空间。家具也是选用相对开敞的,家具内的物品也成为展示和装饰的一部分。整个空间很少用到装饰画、挂件等装饰性的物件,设计的变化完全依靠大块的材质来完成。

　　案例二:此方案是位于福州的一处办公空间,面积为 400 m²,如图 2-43 至图 2-48 所示。

　　从入口的接待区就可以很明显地看到,中式的家具与西方的金属吊灯、倒装的红酒玻璃杯等,形成了一个异常冲突的空间,一进门就给人惊喜。

图 2-43　LOFT 办公空间——入口接待处　　　　图 2-44　LOFT 办公空间——吧台

图 2-45   LOFT 办公空间——饮茶区

图 2-46   LOFT 办公空间——大厅全貌

图 2-47   LOFT 办公空间——低于二层的连接桥

图 2-48   LOFT 办公空间——二层休息区

　　再看楼下的吧台区和吧台背后的休闲饮茶区，又是一对中西合璧却不显突兀的设计。用中式的家具来造就吧台与酒柜，却配以简洁的白色吧椅；饮茶区以原木家具、紫砂茶具配上西式的壁炉，再点缀中国红的油纸伞和雕塑，这样交错的设计互相配合，显得包容性强。

　　二层的洽谈区和办公室就明显变得沉静一些，藤制的家具也使空间更加沉稳、简洁。低于办公室的连接桥，通过者的视线低于办公室的活动高度，使办公室具有较强的私密性，同时办公室又可以看到外面大部分的空间。

　　室内外的连接是通过开口较大的门或窗来实现的，既能从功能上流动又能从视线上流通，进而保有 LOFT风格的通透性和采光的优势。

> 习题

1.古典风格有哪些不同的类型？各自的特点是什么？

2.地中海风格的特点与元素是什么？请用案例来说明。

3.LOFT风格的设计要点是什么？在实际的设计中有哪些运用？请举例说明。

第三章
室内空间设计

> **内容概述**

通过对室内空间基础知识的讲解,深入介绍室内空间的类型及设计要点,讲解室内空间组织设计和室内空间的界面艺术处理手法。

> **能力目标**

能合理进行空间划分、空间组织;掌握室内空间的界面艺术处理手法。

> **知识目标**

加深对室内空间设计的认识,充分了解室内空间的类型及设计要点。

> **素质目标**

具备自学能力、空间组织与分隔能力、设计与分析能力。

第一节
室内空间的概述

室内空间是指建筑物内部由点、线、面、体占据、扩展或围合而成的,具有形状、色彩、材质等视觉效果,具备采光、通风、隔音、保暖、设备、尺度关系等良好使用条件的物理环境。室内空间通常呈多面体,由顶面、地面和多个墙面组成。由实体限定而构成的内部空间环境,如果把物体本身视为"实体",那么空间就是"虚体"。

室内设计的重要改造对象和核心内容是空间,空间一词包含尺度和空间类型两层含义。利用巧妙的手法布置和设计空间,有时可以突破原有建筑空间的限制,满足室内使用需求。

一、比例与尺度

在室内设计中把握良好的比例与尺度关系,在很大程度上取决于设计师的素养。

1. 比例

在室内空间中,不同的比例关系常常给人不同的心理感受。高而窄的空间给人向上的感觉,建筑空间可以产生高耸、雄伟的艺术感染力;低而宽的空间常常使人产生侧向广延的感觉,形成一种开阔、自由的气氛;细而长的空间常常使人产生向前的感觉,营造深远的空间气氛。

在室内设计中,往往需要反复推敲空间的比例关系,只有达到多方面相协调的比例关系,才能取得最佳的设计效果。

2. 尺度

随着社会的发展,人们越来越重视空间的尺度,个人距离、亲密距离、社会距离、公共距离等空间尺度规范对室内设计起着决定性作用。在室内设计中如果没有对几何空间的位置和尺度进行限制与确定,也就不可能形成任何有意义的空间造型,所以尺度是空间造型的必备条件。理想的空间,必须符合人们的心理感受和生理感受,各种人造的空间环境都应以人为本。因此在设计时除了考虑材料、技术、经济等客观因素外,还应选择一个最合理的空间尺度和比例。

二、室内空间类型

随着科学技术的发展和生活水平的提高，人们对丰富多彩的物质和精神生活的要求也越来越高，这就必然推进室内空间类型的多样化。下面是几种常见的室内空间类型。

1. 结构空间

通过对结构外露部分的观赏，来领悟结构构思及营造技艺所形成的空间美的环境，可称为结构空间。人们对结构的精巧构思和高超技艺有所了解，引起赞赏，从而增强室内空间艺术的表现力和感染力，如图 3-1 所示。结构空间的真实感、现代感、力度感、科技感和安全感，与烦琐而遮掩的装饰相比，更具有震撼人心的魅力。

图 3-1　结构空间

2. 开敞空间

开敞空间是外向型的。这种空间视域宽广，与自然紧密融合，强调与空间环境的交流与渗透，讲究对景、借景，它所产生的心理感觉是开朗、博大、奔放的，多用于郊外别墅、观景台等空间，如图 3-2 所示。

图 3-2　开敞空间

3. 封闭空间

封闭空间与开敞空间相反,是内向型的,用限定性较高的围护实体包围起来,在视觉、听觉等方面具有很强的隔离性。封闭空间给人以领域感、安全感和私密性,如图3-3所示。

图 3-3　封闭空间

4. 动态空间

动态空间或流动空间,具有空间的开敞性和视觉的导向性特点,引导人们以"动"的角度观察周围的事物,所以动态空间是人在空间中视点移位和时间延续形成的"第四度空间",是将"动"这个要领移植到室内空间设计中所体现的一种空间构成,如图3-4所示。

图 3-4　动态空间

5. 静态空间

静态空间一般形式相对稳定,空间环境比较封闭,构成比较单一,视觉多被吸引到一个方位或一个点上,如

图 3-5 所示。

图 3-5   静态空间

　　按人动静结合的生理规律和活动规律,在创造动态空间的同时创造出静态空间,以满足人们对动和静的交替追求及心理上的动静平衡,这种空间多为空间序列快结束的尽端空间,是封闭型的限定度较强的私密空间,没有强制性视线引导因素,视线转换平和,并充分运用和谐的色调、幽雅的光线、简洁的装饰来加强这一效果。

6. 虚拟空间

　　虚拟空间又称心理空间,以室内的各种陈设、家具、绿化、水体、照明、色彩、材质肌理为联想契机,通过人的视觉完形性来划定空间,如图 3-6 所示。因此这种空间限定性弱,没有十分完备的空间隔离形态,但可以用很少的装饰,获得理想的空间感。

图 3-6   虚拟空间

7. 凹入空间

　　凹入空间是室内局部退进的一种室内空间形式。室内某一垂直界面,如墙面或墙角局部凹入形成了空间,如图 3-7 所示。这种空间只有一至两个开敞的面,领域感、私密性较强,所以受干扰少,是通常作为学习、睡眠休息、用餐雅座等用途的空间。

图 3-7　凹入空间

8. 外凸空间

外凸空间是室内凸出室外的部分,与室外空间联系紧密,视野开阔,结合建筑外部造型,如建筑中的挑阳台、阳光室等都属于外凸空间,如图 3-8 所示。

图 3-8　外凸空间

9. 地台空间

地台空间是指室内地面局部抬高,抬高地面的边缘划分出的空间。在地台上的人有居高临下的优越方位感,其本身也具有一定的展示性,成为目光焦点,如将家具、设备、地面与地台空间结合设计便可充分利用空间,如图 3-9 所示。

图 3-9　地台空间

10. 悬浮空间

结构上采用吊杆悬吊上层空间的底界面,给人以新颖、轻盈的悬浮感,由于底面没有支撑结构,可灵活利用空间,视野通透、开阔,如图 3-10 所示。

图 3-10　悬浮空间

11. 下沉空间

下沉空间又称地坑,是将室内地面局部下沉,限定出一个标高较低的明确空间,使人产生较强的围护感,具有内向的特性,处在其间环顾四周,视觉感受新鲜有趣,如图 3-11 所示。在高差边界布置围栏、陈设、绿化、座

位,既能起到提醒、导向作用,又有很强的装饰作用。若二层以上要设计下沉空间,受结构限制可采用抬高周围地面来实现。

图 3-11 下沉空间

12. 共享空间

共享空间由波特曼首创,在各国享有盛誉。共享空间是大型公共建筑(如宾馆、商场)内的公共活动中心和交通枢纽,运用多种空间要素和设施,将空间处理成内中有外、外中有内,大中有小、小中有大,相互穿插交错,极富流动性的内庭形式。它是有较大挑选性、综合性的多用途灵活空间,充分满足人们的精神和物质需求。共享空间如图 3-12 所示。

图 3-12 共享空间

13. 母子空间

人们在大空间中一起工作、交流、活动,有时会互相干扰,缺乏私密感,这时就需要在大空间中运用实体性或象征性手法,再次限定若干有规律性、韵律感的小空间,这种大、小空间之间的关系,在同一空间里非常融洽,各得其所,被称为母子空间,如图 3-13 所示。由于再次限定出的小空间具有一定的私密性和领域感,又与大空间连接,是闹中取静的最佳空间构成,适合在餐厅中分隔出半封闭和开放的用餐区,在盥洗室中分隔出不同空间等。

图 3-13   母子空间

第二节
室内空间组织设计

一、室内空间分隔

室内空间可以按照功能需求进行分隔,常用的方法有绝对分隔、相对分隔、象征性分隔和弹性分隔。每种隔断形式因尺寸、形态的不同,起到的分隔作用也不同。

1. 绝对分隔

绝对分隔又称为封闭式分隔,是用承重墙或到顶的轻体隔墙分隔出相对比较独立的空间,对视线、声音、温度、湿度等进行限定,分隔出的空间有非常明确的界线,是封闭的。绝对分隔的隔音效果良好,视线被完全阻隔,私密性强,有较强的抗干扰性,如卡拉 OK 包房、会议室、餐厅包间、录音棚等常采用绝对分隔的方式。绝对分隔如图 3-14 所示。

2. 相对分隔

相对分隔是用片断的面,如屏风、不到顶的隔断、透空式家具、透空式墙体等来划分空间。相对分隔的封闭程度低,或不阻隔视线,或不阻隔声音,或可与其他空间直接来往,如图 3-15 所示。

3. 象征性分隔

象征性分隔并不是真正地将室内空间分隔开来,而是利用建筑物的梁柱、材质、色彩、绿化植物或地坪的高低差等分隔手法将室内空间进行区分。它没有明显的界线。象征性分隔如图 3-16 所示。象征性分隔的限定度低,空间界定模糊,主要依靠部分形体的变化来给人以启发、联想,划定空间。

45

图 3-14　绝对分隔

图 3-15　相对分隔

图 3-16　象征性分隔

4. 弹性分隔

弹性分隔是指根据使用要求,通过拼装式、直滑式、升降式、折叠式等活动隔断、帘幕、家具和陈设等分隔空间,可随时启闭或移动,空间也就随之或分或合、或大或小,如图 3-17 所示。如卧室兼起居室或儿童游戏空间,当有访客时将卧室门关闭,可成为一个独立而具有隐私性的空间。

图 3-17　弹性分隔

二、室内的空间序列

空间序列是指按一定的流线组织空间的起、承、转、合等变化,如火车站室内空间设计,必须经历售票厅—候车厅—检票厅—站台—上车这一序列的过程。因此,室内的空间序列是沿着主要人流路线按一定顺序逐步展开的空间。

空间序列分为以下几个阶段。

1. 起始阶段

空间序列的起始就像音乐的前奏,是序列的开端,预示着将要展开的心理推测。首先应确定主要人流趋向。对次要人流的路线处理应服从于主要人流的,起引导作用。处理好室内与室外空间的过渡关系,才能把人流导入室内,同时要考虑与后面空间的衔接。

2. 过渡阶段

过渡阶段是连接起始阶段与高潮阶段的中间环节,在整个空间序列中起到承前启后的作用,可以使用空间的引导与暗示手法,使人产生一种自然过渡的感觉,让人们不知不觉地从一个空间走到另一个空间。不管是在水平方向还是垂直方向上都要选择合适的交通方式,发挥交通的引导作用。

3. 高潮阶段

高潮阶段是序列中的主体,是空间结构的中心,是众多空间层次的引导、过渡后形成的最佳感受,是人们对空间序列所期待的最精彩场景,也是空间设计的精彩之处。

4. 结尾阶段

结尾阶段是序列不可缺少的部分,由高潮向平静过渡,使人产生享受、回味的心理感受。

第三节
室内空间的界面及其艺术处理手法

室内界面既是构成室内空间的物质元素,又是对室内空间进行再创造的有形实体。室内界面的变化关系直接影响室内空间的分隔、联系、组织和艺术氛围的营造,因此室内界面及其艺术处理在室内设计中具有重要作用。

界面设计从界面组成角度可分为顶界面(顶棚、天花)设计、底界面(地面、楼面)设计、侧界面(墙面、隔断)设计三部分,从设计手法上主要分为界面造型设计、界面色彩设计、界面材料与质感设计。

此外,作为材料实体的界面,除了界面的造型、色彩与材质设计外,界面设计还需要与建筑室内的设施、设备协调,例如界面与风管尺寸及出风口、回风口的位置,界面与嵌入灯具或灯槽的设置,以及界面与消防喷淋、报警、音响、监控等设备的接口关系等。

一、顶界面——顶棚设计

顶棚作为水平界定空间的实体之一,对界定、强化空间形态、范围及不封闭空间关系有重要作用。另外,顶棚位于空间上部,具有位置高、不受遮挡、透视感强、引人注目的特点。因此通过顶棚的艺术处理,可以起到突出重点,增强方向感、秩序与序列感、宏大与深远感等艺术效果的作用。顶棚设计如图 3-18 和图 3-19 所示。

图 3-18 顶棚设计一

图 3-19 顶棚设计二

顶棚的处理随空间特点的不同,有各式各样的处理手法。从与结构的关系角度,一般分为显露结构式、半显露结构式、掩盖结构式。顶棚设计,特别是吊顶设计,往往糅合了造型、色彩、材质等多种设计手法,具体归纳如下。

1. 显露结构式

显露结构式是近现代建筑所运用的新型结构,顶棚完全暴露空间结构的任何设备,如图 3-20 所示。

图 3-20　显露结构式

2. 半显露结构式

在条件允许的情况下,顶棚设计应当和结构(设备)巧妙地结合,在重点空间上部或需遮挡设备等部位做部分吊顶,如图 3-21 所示。

图 3-21　半显露结构式

3. 掩盖结构式

掩盖结构式采用完全吊顶的顶棚处理方式,吊顶形式丰富多彩,如图 3-22 所示。

图 3-22　掩盖结构式

二、底界面——地面设计

　　由于地面是用来承托家具、设备和人的活动的底界面,因而其显露的程度是有限的。地面最先被人的视觉所感知,所以它的形态、色彩、质地和图案将直接影响室内的气氛。地面设计如图 3-23 和图 3-24 所示。

图 3-23　地面设计一

图 3-24　地面设计二

1. 地面造型设计

　　地面造型设计,一种主要是通过地面的凸、凹形成有高差的空间,而凸、凹的地面形态可以是方形、圆形、自由曲线形等,如图 3-25 所示;另一种是通过地面图案的处理来进行地面造型设计。

2. 地面色彩设计

　　在进行地面色彩设计时,应考虑与墙面、家具的色调协调一致,通常地面色彩应比墙面稍深一些,可选用低彩度、含灰色成分较高的色彩。地面常用色彩有暗红色、褐色、深褐色、米黄色、木色及各种浅灰色和灰色等。地面色彩设计如图 3-26 和图 3-27 所示。

图 3-25　地面造型设计

图 3-26　地面色彩设计一　　　　　图 3-27　地面色彩设计二

3. 地面光艺术设计

　　地面设计有时可利用光的处理手法来达到独特的艺术效果。在地面设置灯光或配置地灯,既丰富了视觉感受,又可起引导作用。地面光艺术设计如图 3-28 所示。

图 3-28　地面光艺术设计

三、侧界面——墙面、隔断设计

1. 墙面造型设计

墙面造型设计最重要的是虚实关系的处理。墙面为实,门窗为虚,因此墙面与门窗形状、大小的对比变化往往是决定墙面形态设计成败的关键。墙面的设计应根据每一面墙的特点,或以虚为主,虚中有实;或以实为主,实中有虚。墙面造型设计如图 3-29 所示。通过墙面图案的处理来进行墙面造型设计,可以对墙面进行分隔处理,使墙面图案肌理产生变化;还可以通过几何形体在墙面上的组合构图形成凸凹变化,构成具有立体效果的墙面;还可以运用效果独特的装饰绘画手段来处理,既可丰富视觉感受,又能在一定程度上强化主题。

图 3-29　墙面造型设计

2. 墙面光设计

光与色彩、空间、墙体奇妙地交错在一起，形成墙面、空间的虚实、明暗和光影形态的变化，同时与室外空间在视觉上流通，把室外景观引入室内，增加室内空间效果；另外，通过墙面人工照明设计，营造空间特有的气氛。墙面光设计如图3-30和图3-31所示。

图 3-30　墙面光设计一

图 3-31　墙面光设计二

3. 墙面材料选择

合理使用和搭配装饰材料，使墙面富有特点、富于变化。墙面绒布材料、墙面木纹材料和墙面仿古砖材料分别如图3-32至图3-34所示。

图 3-32　墙面绒布材料

图 3-33　墙面木纹材料

图 3-34　墙面仿古砖材料

四、室内界面的色彩艺术及材料感觉

　　色彩对人生理上的影响很大,因此在处理室内界面色彩时尤需慎重。一般而言,暖色可以使人产生紧张、热烈、兴奋等情绪,冷色使人产生安定、幽雅、宁静等情绪。暖色使人感到膨胀和靠近,冷色使人感到收缩和隐退。不同明度的色彩,也会使人产生不同的感觉,如浅色给人轻的感觉,深色给人重的感觉,因此室内界面色彩多遵循上浅下深的原则来处理,自上而下,顶棚最浅,墙面稍深,护墙更深,踢脚板与地面最深,这样上轻下重,空间具有稳定感。因此,顶棚大多选择白色、淡蓝色、淡黄色等。但在某些特定情况下,为营造气氛,也选用与上述相反的色彩,如酒吧、舞厅等娱乐场所为烘托气氛,顶棚选用了明度低、较深、较重的色彩。

　　除色彩外,进行室内界面设计时材料质感的选择也尤为重要。如:传统天然的材料,像木、竹、藤、布艺等,给人以朴素、温暖、亲切感;人工材料如铁、钢、铝合金、玻璃等则简洁明快、精致细腻,营造出机械美、几何美,很有秩序感。平整光滑的大理石给人整洁、精密之感;全反射的镜面不锈钢给人精密、高科技之感;纹理清晰的木材给人自然、亲切之感等。因此,进行室内界面设计时,也应充分考虑人们对材料的感受。

> 习题

1.室内空间的类型有哪些?举例说明这些类型的室内空间在实际生活中的运用。

2.室内空间分隔的方式有哪些?

3.思考同一户型空间中,单身、三口之家、五口之家等对空间要求和布局的不同。

Shinei Sheji Yuanli yu Shijian

第四章
室内色彩设计

> **内容概述**

通过对色彩基础知识和色彩情感效果的阐述,加深对色彩的认识;学习室内色彩对比设计,掌握室内色彩搭配技巧、室内各部分色彩选择方法,以及配色设计的注意事项和修改方法。

> **能力目标**

掌握室内色彩搭配技巧、室内各部分色彩选择方法,以及配色设计的注意事项和修改方法。

> **知识目标**

加深对色彩的认识;了解室内色彩对比设计。

> **素质目标**

具备自学能力、色彩搭配能力、设计能力和分析能力。

形体、色彩和质感是室内设计重要构成要素。色彩令人产生各种各样的情感,合理的色彩搭配会使形体产生显眼的效果。因此,如果没有色彩的基本知识,是不能进行室内色彩设计的。

第一节
色彩的基础知识

一、色彩的分类

色彩是通过光反射到人眼中而产生的视觉感。现代色彩学把色彩分为两类:一是无彩色系,是指黑色、白色、灰色等无色彩的色;二是有彩色系,是指除无彩色以外的一切色,如红色、橙色、黄色、绿色、青色、蓝色等。无彩色系和有彩色系如图 4-1 所示。

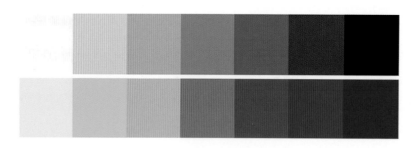

图 4-1　无彩色系和有彩色系

二、三原色、间色、复色和补色

从色彩调配的角度,可把色彩分成三原色、间色、复色和补色。

1. 三原色

物体的颜色是多种多样的,除了红色、黄色、蓝色三种颜色本身不能用其他颜色来调配外,其他颜色都能用红色、黄色、蓝色调配出来。因此,把红色、黄色、蓝色三种颜色称为三原色或第一次色,如图 4-2 所示。

图 4-2　三原色

2. 间色

由两种原色调配而成的颜色称为间色或第二次色,如橙色＝红色＋黄色;绿色＝黄色＋蓝色;紫色＝红色＋蓝色,如图 4-3 所示。

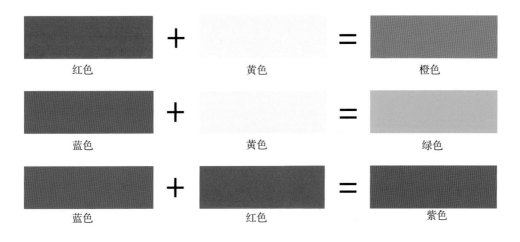

红色　　＋　　黄色　　＝　　橙色

蓝色　　＋　　黄色　　＝　　绿色

蓝色　　＋　　红色　　＝　　紫色

图 4-3　间色

3. 复色

由原色与间色或两种间色调配而成的颜色称为复色或第三次色,如:橙黄色＝ 黄色＋橙色;橙红色＝红色＋橙色,如图 4-4 所示。

4. 补色

一种原色与另外两种原色调成的间色互称为补色或对比色,如图 4-5 所示。如红色的补色为绿色,而绿色是由除红色外的另两种原色——黄色与蓝色调配而成。

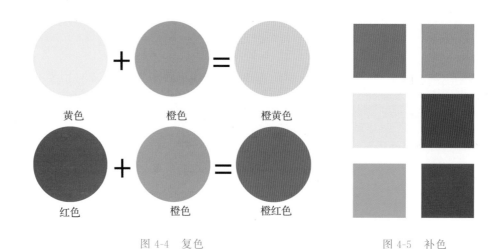

图 4-4　复色　　　　　　　　　　　　　　　图 4-5　补色

三、色彩三要素

在陶醉于自然界千变万化的色彩的同时,我们也力图对色彩内在规律进行研究,以更好地掌握和运用色彩。色彩具有三个重要性质(要素)——色相、明度和纯度。

1. 色相

色相是色彩的第一性质,色相是指色彩的相貌和名称,是一种颜色区别于另一种颜色的表象特征。人们眼睛所判断的色相有几万种,为了便于识别各种颜色的相貌,人们给各种颜色取名。红色、橙色、黄色、绿色、青色、蓝色是最基本的色相。色相环如图 4-6 所示。

2. 明度

明度是指色彩的明暗程度。在光谱色中黄色明度最高,显得最亮;紫色明度最低,显得最暗。同一色相的色彩,由于受光强弱不一样,明度也不同。如:同为绿色系,就有浅绿色、中绿色、深绿色等区别;同为红色系,就有玫瑰红色、大红色、深红色、橙红色等区别。明度变化如图 4-7 所示。

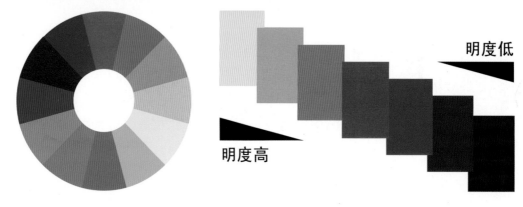

图 4-6　色相环　　　　　　　　　　　　　图 4-7　明度变化

3. 纯度

纯度是指色彩的纯净程度,又称色彩的鲜艳度或饱和度。纯度变化如图 4-8 所示。纯度变化对人们的心理影响极其微妙,不同年龄、不同性别、不同职业、不同教育背景的人对色彩纯度的偏爱有很大差异。在室内设计中,选择的色彩一般大面积宜为低纯度、高明度的色,如果用高纯度的色,必然会造成对视觉与心理的持续强刺激而让人感觉疲倦和厌烦。

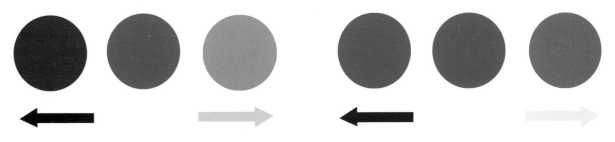

图 4-8　纯度变化

四、色调

色调是指色彩外观的基本倾向。在明度、纯度、色相这三个要素中,某种要素起主导作用,可以称之为某种色调,如以色相划分,有红色调、紫色调、蓝色调等。不同色相的色调如图 4-9 所示。以纯度划分,有鲜色调、浊色调、清色调等。把明度与纯度结合后,有淡色调、浅色调、中间调、深色调、暗色调等。深浅色调如图 4-10 所示。

图 4-9　不同色相的色调

图 4-10　深浅色调

第二节
色彩的感情效果

在日常生活中,不难发现不同年龄层的人对室内色彩的搭配与风格的选择截然不同。如儿童房通常会根据儿童对颜色的偏爱,选择活泼、阳光的橙色、粉红色或粉蓝色。色彩纯度、明度高,色彩丰富、鲜艳。老年人的房间选择稳重、单一的褐色或土黄色的居多。色彩纯度、明度低,色彩统一、简洁。

物体的色彩可以影响人们的视觉效果,使物体的尺度、远近、冷暖在主观感觉中发生一定的变化。这种感觉上的微妙变化,就是室内色彩的物理作用效果。

一、色彩的联想与象征

色彩能使人产生不同的联想,如:看到红色,使人联想到火或血;看到绿色,使人联想到森林或草原;看到蓝色,使人联想到大海或天空。这是人根据自己的生活经验、记忆或知识而产生的,又会因性别、年龄、民族的不同而产生不同的情感。

红色——热情、革命、喜庆、热烈、吉祥、血腥、危险;

橙色——明朗、温情、丰收、健美、欢喜、嫉妒、焦躁;

黄色——光明、明快、希望、幸福、富裕、权力、泼辣;

绿色——和平、安全、成长、自由、新鲜、青春、永恒;

蓝色——理想、平静、理智、悠久、无限、忧郁、冷淡;

紫色——爱情、高贵、高尚、优美、幻想、神秘、消极;

白色——干净、神圣、清楚、纯洁、洁白、虚无、神秘;

灰色——平凡、沉默、低调、忧郁、忧恐、绝望、荒废;

黑色——坚实、严肃、稳重、刚健、黑暗、死亡、罪恶。

二、色彩的心理作用

形体是具有各种表情的,色彩也具有各种表情,有引起人们各种感情的作用,因此有必要去巧妙地利用它的感情效果。理解和熟悉色彩给人的心理感受和形成表情的原因,将有助于自如地运用色彩,为室内设计开拓广阔的空间。

1. 暖色与冷色

所谓色彩的冷暖感是一种心理感觉,与实际的温度并无直接联系。在色相环上,红色、橙色、黄色等令人有温暖、热情的感觉,称为暖色系;蓝色、蓝绿色、蓝紫色等令人有寒冷、冷静的感觉,称为冷色系;紫色和绿色令人有温和、适中的感觉,称为中性色。

2. 前进色与后退色

在人与物体距离一定的情况下,物体的色彩不同,人对物体的距离感受会有所不同,这就是色彩的进退感。暖色波长长,有前进之感;冷色波长短,有后退之感。在灰背景上的白和黑,白向前,黑后退。一般明度高和暖色系的色彩具有前进、突出、接近的作用。在白背景上的灰和黑,黑色与白背景对比强烈,有前进之感;灰色与白背景对比较弱,有后退之感。

3. 轻色与重色

色彩的轻重感主要取决于色彩的明暗程度。一般来说高明度的色彩有轻感,低明度的色彩有重感。明度高的色轻,明度低的色重。暗红色比粉红色重。暖色比冷色轻,黄色比蓝色轻。

4. 柔软色与坚硬色

色彩的柔软和坚硬感主要取决于色彩的明暗、纯净程度。明度高的色软,明度低的色硬,纯度高的色比纯度低的色软,暖色比冷色软。质地光亮、细密比质地暗淡、粗糙的坚硬。纯度高、明度低的色彩配置感觉较坚硬。

5. 兴奋色与沉着色

兴奋与沉着取决于对视觉的刺激强弱。红色、橙色、黄色的刺激性强,令人产生兴奋的感觉,称为兴奋色;蓝色、青绿色、蓝紫色的刺激性弱,令人产生沉静的感觉,称为沉着色。绿色和紫色是介于两者之间的中性色,是人们不会感到疲劳的色彩。

第三节
室内色彩的对比设计

两种或两种以上的色彩作比较称为色彩的对比。对比就是产生不同的比较,使人产生视觉差异。色彩之间的差别大小,决定对比的强弱,所以差别是对比的关键。

一、色相对比

以色相之间的差别形成的对比,称为色相对比,如图 4-11 所示。色相对比根据对比的强弱可分为同一色相对比、类似色相对比、邻近色相对比、对比色相对比和互补色相对比。同一色相对比——色相之间在色相环上的距离角度是 0°～15°;类似色相对比——色相之间在色相环上的距离角度在 30°左右;邻近色相对比——色相之间在色相环上的距离角度在 60°左右;对比色相对比——色相之间在色相环上的距离角度在 120°左右;互补色相对比——色相之间在色相环上的距离角度大概为 180°。

图 4-11　色相对比

二、明暗对比

　　两种颜色由于它们各自的亮度不同,对比以后产生一定的效果。明暗对比如图 4-12 所示。任何色彩都可以还原为明暗关系来思考,因此明暗关系可以说是搭配色彩的基础,它可以表现立体感、空间感、轻重感与层次感。

图 4-12　明暗对比

三、冷暖对比

　　冷暖对比是指不同色彩之间的冷暖差别形成的对比,如图 4-13 所示。色彩分为冷、暖两大色系,以红色、橙色、黄色为暖色系,蓝色、青色为冷色系,绿色、紫色为中性色。暖色与冷色基本上互为补色关系。另外,色彩的冷暖对比还受明度与纯度的影响,白光反射高而让人感觉冷,黑色吸收率高而让人感觉暖。

图 4-13　冷暖对比

四、对比色对比

如果两种颜料调和后产生中性灰黑色,就称这两种色彩为互补色,两种这样的色彩组合成奇异的一对,它们既互相对立,又互相需要。当它们靠近时,能相互促成最大的鲜明性,每对互补色都有其独特性。例如:黄色、紫色不仅呈现出补色对比,而且表现出极度的明暗对比;橙色、蓝色是一对互补色,同时也是冷暖的极度对比。对比色对比如图 4-14 所示。红色和绿色是互补色,这两种饱和色彩有着相同的明度。

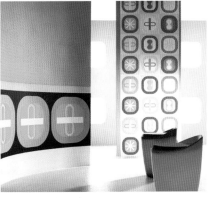

图 4-14　对比色对比

五、类似色对比

类似色对比包括同色相对比和相(邻)近色相对比。所谓同色相对比是指在高纯度色相环中,取任何一种色相,加白色或黑色形成明度和纯度不同的色彩,这种变化下构成的同色相系色彩的对比。所谓相(邻)近色相对比是指色相环中相邻(90°的夹角内)的三种颜色对比。相近色的搭配,如黄色、黄绿色、绿色,就是一组相近色,搭配在一起令人感觉很舒适、自然、协调。类似色对比如图 4-15 所示。

图 4-15　类似色对比

六、面积对比

以面积之间的差别形成的对比称为面积对比。面积对比是一种大与小、多与少的对比。应用面积对比的目的,就是要在两种或两种以上的色彩之间取得色量比例的平衡,促使一种色彩比另一种色彩更突出。面积对比如图 4-16 所示。

图 4-16　面积对比

七、色度对比

以色度之间的差异形成的对比称为色度对比。色度对比之下,必然会呈现出鲜明的色彩越鲜明、灰浊的色彩越灰浊的状况。色度对比如图4-17所示。

图 4-17　色度对比

第四节
室内色彩的搭配技巧

一、确定主色调

室内空间效果是否和谐,取决于色彩的整体效果。室内色彩是由地面、墙面、顶面、门窗、家具、灯具等各类陈设的色彩组成,由于室内各部分的色彩关系复杂,色彩要达到和谐美,色调必须要有一种明确的倾向,也就是要确定一个主色调。所谓主色调就是室内整体的基本调子,它反映出室内色彩的性格。按色相划分,将色彩分为红色调、黄色调、蓝色调等;按明度划分,将色彩分为明色调、暗色调和灰色调;按冷暖关系划分,将色彩分为暖色调、冷色调和中性调;按纯度划分,将色彩分为鲜艳调和浑浊调。

例如在餐饮空间设计中,可以运用色彩的冷暖来营造空间气氛,酒吧里可以大量运用暖色调色彩来烘托其热烈的气氛,而餐厅的色彩宜用干净、明快的色系,常以偏黄暖色系为主色调,以增强人的食欲,如图4-18所示。但在一些特殊定位的餐厅里,如海鲜餐厅,也会选择以海洋的颜色为主色调,突出其经营特色。冷饮店则常以蓝色、蓝绿色等冷色系为主调,使人在炎热的夏天有凉爽的感觉。

图 4-18　餐厅色彩

二、色彩的调和

将两种或两种以上的色彩统一、和谐、有秩序地组织在一起,能使人的心情愉悦。这种舒适的色彩搭配称为色彩调和。色彩调和包括色彩的类似调和、色彩的对比调和、色彩的补色调和、色彩的面积调和和色彩的非彩色调和。调和与对比都是构成色彩美感的要素,色彩的调和是相对的,对比是绝对的,通过恰当的对比可以达到调和的目的,既要有对比来产生和谐的刺激,又要有适当的调和来抑制过分的对比,从而产生一种恰到好处的色彩美感。在科学的角度上,人的眼睛长时间看着大面积的同类色彩容易产生视觉疲劳,故需要加点别的色彩来调和一下,所以应在整体和谐的前提下,进行对比色搭配,使室内空间既有生机又协调统一。

第五节
室内典型空间的色彩设计

色彩是室内环境设计的灵魂,对人的生理和心理均有很大的影响。色彩是富有感情且充满变化的,在设计中把色彩因素运用好,往往能达到出其不意的效果。

下面就一些典型室内空间色彩设计的经验加以介绍。

一、卧室的色彩设计

卧室是人们休息的地方。卧室的色彩一般应选用安静、悦目、舒适、沉稳的色调,用色一般以淡雅、宁静的色彩为主,如淡黄、淡紫、淡蓝等色调,创造出柔和、安静的气氛,如图 4-19 所示。卧室的织物如床上用品、窗帘的颜色应与房间主色调一致,局部服从整体。卧室窗帘的选择应强调其遮光性与隐秘性,可选用较为柔和和垂度好的布料。同时卧室可布置一些带有感情色彩或有纪念意义的陈设品,如浪漫的婚纱照等,点缀一两件工艺品可使宁静的卧室富有生活的气息。

图 4-19　卧室的色彩设计

二、书房的色彩设计

　　书房的色彩设计如图 4-20 所示。书房是一个集聚知识和学习的地方,一定要安静和素雅才能够更加有利于人们的学习,应避免选择强烈、刺激的色彩,宜多用明亮的无彩色,也可以用冷色调,显得安静、平和。书房可以选用一种颜色,这样看起来比较自然、统一,有助于人的心境平稳。家具和陈设品的颜色可以与书房的颜色相协调,在其中点缀一些和谐的色彩以调节气氛。

图 4-20　书房的色彩设计

三、卫生间的色彩设计

卫生间是洗浴、洗涤的场所,也是一个清洁卫生要求较高的空间。传统色彩设计是以白色为主的浅色调,地面及墙面均以白色、浅灰色或淡蓝色等颜色做表面装饰。但是现在也有较为时尚的色彩设计以深色为主调,地面、墙面以黑色、金色、银色做小面积的装饰色彩。两种效果各有特点,第一种简明、轻松,第二种个性强。卫生间的色彩设计如图 4-21 所示。

图 4-21　卫生间的色彩设计

四、餐饮空间的色彩设计

　　不同的餐饮空间在进行色彩设计时,应考虑功能方面的要求。不同的功能空间,在色彩上的要求是不一样的,要根据具体内容来确定其色调。比如西餐厅可以运用低明度的色彩和较暗的灯光装饰,给人一种温馨的情调和高雅的气氛,如图 4-22 所示;快餐厅可以运用纯度较高和鲜艳的色彩,以获得一种轻松、活泼、自由、快捷的用餐气氛,如图 4-23 所示。

图 4-22　西餐厅的色彩设计

图 4-23　快餐厅的色彩设计

五、办公空间的色彩设计

　　一般而言,办公空间的色彩应遵循上浅下深的原则,如天花板颜色最浅,墙面颜色稍深,地面颜色最深,以此给人下重上轻的重量感,符合稳重的原则。但随着时代的发展,人们对办公空间的要求也大不相同。员工白天都在里面工作,所以工作的质量和效率受办公空间的色彩设计的影响。因此,现代的设计师会尝试打破惯例,大胆地运用颜色的搭配来刺激员工。如红色是波长最长的颜色,容易引起人们的注意,但是在办公空间中应慎重使用;黄色是明度等级最高的色彩,会使人联想到光芒四射、生机勃勃,但在办公空间中使用黄色为主色调时要注意调整它的饱和度与明度;绿色是大自然中最常见的色彩,它清新、宁静,具有生命力,人们把它作为和平的象征、生命的象征,同时绿色在人们心理上有平静、松弛、有活力的感觉,因此,很多设计师喜欢在办公空间里添加不少的绿色植物作为摆设,这在给办公空间添加不少生气与活力的同时还可以吸收计算机辐射,过滤办公空间的空气,这样可以帮员工提高工作效率。办公空间的色彩设计如图 4-24 所示。

图 4-24　办公空间的色彩设计

六、娱乐空间的色彩设计

娱乐空间色彩选用应与娱乐空间主题相呼应。娱乐空间的色彩设计如图 4-25 所示。有经验的室内设计师往往根据空间主题确定色彩基调：或古朴自然，或热情奔放，或突出原始情调，或创造高科技感觉。利用色彩对人的生理和心理作用，以及色彩引起的视觉联想和情感效应，创造出富有特色、层次和美感的色彩环境。对重点部位可以施以相对醒目的颜色，如入口空间，具有标志性质的招牌、墙面、装饰物、空间中的焦点等位置。经常可以看到，一些平时慎用的颜色在娱乐空间中如鱼得水，选用后能够取得事半功倍的效果。

图 4-25　娱乐空间的色彩设计

色彩的选用始终贯穿于设计过程之中,它是表达设计意图最直接的元素。

> 习题

1.思考儿童房的色彩设计:给一位 5 岁男孩设计一间 10 m² 的儿童房,该如何进行色彩搭配? 给一位 10 岁女孩设计一间 12 m² 的儿童房,该如何进行色彩搭配?

2.思考:70 岁老人的一间 4 m×4 m 房间,该如何进行色彩搭配?

Shinei Sheji Yuanli yu Shijian

第五章
室内照明设计

> **内容概述**

通过对室内照明设计相关知识的阐述,深入介绍室内光环境的类型、照明方式与常用灯具,并介绍室内光环境的处理手法。

> **能力目标**

能针对不同空间合理选择灯具,创造不同的照明环境。

> **知识目标**

充分了解室内照明设计的原则。

> **素质目标**

具备分析问题、独立思考并选择灯具创造室内氛围的能力。

就人的视觉来说,没有光也就没有一切。在室内设计中,光不仅满足人们视觉功能的需要,而且是一个重要的美学因素。光可以形成空间、改变空间或破坏空间,它直接影响人对物体大小、形状、质地和色彩的感知。因此,室内照明设计是室内设计的重要组成部分之一,在设计之初就应该加以考虑。

室内光环境的设计是利用灯饰的艺术语言或自然光的照明对室内环境进行设计,创造一种以人为本的和谐空间。室内设计中光环境的类型主要分为自然采光和人工照明两种。

第一节
室内光环境的类型

一、自然采光

通常将室内对自然光的利用称为采光。自然采光(见图 5-1)可以节约能源,并且在视觉上更为舒适,心理上更能与自然接近、协调。自然采光应结合室内空间的使用功能、特点、风格、当地气候等因素加以确定。自然采光根据光的来源方向及采光口所处的位置,分为侧窗采光和天窗采光两种形式。

图 5-1　自然采光

　　侧窗是在室内侧墙上开的采光口,侧窗采光(见图 5-2)有单侧及多侧之分,而根据采光口高度位置不同,可分为高、中、低侧光。侧窗采光可选择良好的朝向和室外景观,光线具有明显的方向性,有利于形成阴影。但侧窗采光只能保证有限进深的采光要求,更深处则需要人工照明来补充。

　　天窗是在室内空间顶部开设的采光口。天窗采光(见图 5-3)是自然采光的基本形式,其采光率是同样面积侧窗的 5 倍以上,且照度分布均匀,光色自然,光线稳定。

图 5-2　侧窗采光

图 5-3　天窗采光

二、人工照明

　　人工照明也就是灯光照明或室内照明。它是夜间主要光源,同时也是白天室内光线不足时的重要补充。

第二节
照明方式与常用灯具

一、照明方式

　　室内照明方式可以直接影响室内环境的气氛,因此在照明方式的选择上应根据室内环境的服务对象等因素着重考虑。按照不同的分类方法,可以将照明方式分为以下类型。

1. 按灯具的散光方式分类

1)间接照明

　　间接照明是将光源遮蔽而产生的间接光照明方式,即把 90%～100% 的光射向顶棚或其他表面,经这些表面再反射至室内。当间接照明紧靠顶棚时,几乎可以形成无阴影,这是最理想的整体照明。从顶棚和墙上反射下来的间接光,会造成顶棚升高的错觉,但单独使用间接光,则会使室内显得平淡无趣。

2)半间接照明

半间接照明将60%~90%的光向顶棚或墙上部照射,把顶棚反射的光作为主要光源,而将10%~40%的光直接照于工作面。从顶棚来的反射光,趋向于软化阴影和改善亮度比,由于光线直接向下,照明装置的亮度和顶棚亮度接近相等。这种方式能产生比较特殊的照明效果,也避免产生眩光,使房间有增高的感觉,适用于客厅、门厅、过道等。

3)直接间接照明

直接间接照明装置对地面和顶棚提供近于相同的照度,即均为40%~60%,而周围光线只有很少一点。这样就必然使直接眩光区的亮度降低。这是一种同时具有内部和外部反射灯泡的装置,如某些台灯和落地灯能产生直接间接照明。

4)漫射照明

漫射照明是利用灯具的折射功能来控制眩光。这样的照明装置,对所有方向的照明几乎都一样,为了控制眩光,漫射装置圈要大,灯的功率要小。眩光与光源的亮度和人的视角有直接关系,设计时应注意避免眩光的出现。

5)半直接照明

半直接照明采用半透明材料制成的灯罩,在半直接照明灯具装置中,有60%~90%的光向下直射到工作面上,而其余10%~40%的光则向上照射,由下射照明软化阴影的光的百分比很小。

这种方式常用于室内的普通照明,它既可以获得工作面上较高的照度,又可以获得大范围屋顶的照明,使房间显得更明亮。

6)宽光束的直接照明

宽光束的直接照明是无遮挡的灯泡所发射的光线,或者灯泡上部有透明灯罩,照明光线的90%~100%直接到达所需照度的工作面上,具有强烈的明暗对比,并可造成有趣生动的阴影。由于其光线直射于目的物,如不用反射灯泡,会产生强的眩光。鹅颈灯和导轨式照明属于这一类。

7)高集光束的下射集中照明

因高度集中的光束而形成光焦点,可用于突出光的效果和强调重点。它可提供在墙上或其他垂直面上充足的照度,但应防止亮度比过高。

2. 按照明布局的方式分类

1)一般照明

一般照明是指室内空间基本的照明布局,为照亮整个场所而设置均匀照度的照明方式,由若干灯具排列在整个顶棚,主要是满足室内基本照度要求,除注意水平面的照度以外,更多考虑的是垂直面的亮度。灯具的选用没有严格的要求,通常用白炽灯、日光灯、节能灯等。一般照明如图5-4所示。

2)重点照明

重点照明(见图5-5)是指对主要场所和对象进行重点投光,为增加特定的有限的部位的照度而设置的照明,如商店的货架、博物馆的重要文物、模特儿展示台等,其目的是吸引观众,增强视觉的注意力。

3)装饰照明

对有特殊艺术效果的光环境来说,照明的艺术性成为另一种形态的装饰手段。在装饰照明(见图5-6)中,灯具不仅仅是单纯的照明技术装饰,还起到室内装饰的作用。装饰照明不是为了获得照度,而是为了营造环境气氛。为了使光线更加悦目,使用装饰吊灯、壁灯、挂灯等图案统一的系列灯具,可使室内繁华而不杂乱;也可将灯具隐藏起来,突出物体的轮廓,增强墙体的层次感。另外在光色的运用上变化也很丰富,利用霓虹灯、激光灯的频闪变化,突出物体的特殊性。

图 5-4　一般照明

图 5-5　重点照明

图 5-6　装饰照明

二、常用灯具种类及运用

在现代家庭装饰中,灯具的作用已经不局限于照明,更多的时候它起到的是装饰作用。一件好的灯具,可以使空间增添几分温馨与情趣,因此灯具的选择在室内设计中非常重要。下面介绍几种室内空间设计中常用的灯具。

1. 吊灯

吊灯(见图5-7)是悬挂在室内屋顶上的照明工具,经常用于大面积的照明。安装吊灯时必须保证空间有足够的高度,吊灯悬挂距地面最低2.1 m,长杆吊灯适合于举架较高的公共场所。吊灯的造型、大小、质地、色彩对室内气氛影响非常大,因为它将成为空间的主要照明,即主灯,在选用时一定要与室内环境相协调。例如,古色古香的中式风格空间应搭配具有中国古典气息的纸质宫灯;西餐厅应配欧式风格的吊灯,如蜡烛吊灯、古铜色灯具等;而现代派居室则应配几何线条为主的简洁明朗的灯具。吊灯分为单头吊灯和多头吊灯两种,单头吊灯多适合厨房和餐厅,而多头吊灯则多适合客厅。由于吊灯样式繁多,因此购买的时候不仅要从美观高雅方面考虑,而且要从实际出发。不宜选择带有电镀层的吊灯,因为电镀层时间长易掉色,而选择水晶吊灯则要考虑灯具的保养问题。

2. 吸顶灯

吸顶灯(见图 5-8)是直接安装在天花板上的一种固定式灯具。吸顶灯种类繁多,可归纳为以白炽灯为光源的吸顶灯和以荧光灯为光源的吸顶灯。以白炽灯为光源的吸顶灯,用玻璃、塑料、金属等不同材料制成不同形状的灯罩,常见的有方罩吸顶灯、圆球吸顶灯、尖扁圆吸顶灯、半圆球吸顶灯、半扁球形吸顶灯、小长方罩吸顶灯等。以荧光灯为光源的吸顶灯,大多采用有晶体花纹的有机玻璃罩和乳白玻璃罩,外形多为长方形。吸顶灯多用于整体照明,例如过道、阳台、卫生间、办公室、会议室、走廊等空间。选择吸顶灯时要选有电子镇流器的灯具,它有助于灯具瞬时启动,延长灯的寿命。另外,还要考虑灯光的显色性问题,卤粉灯管显色性差,三基色灯管显色性好。

图 5-7　吊灯

图 5-8　吸顶灯

3. 嵌入式灯

嵌在天花板隔层里的灯具,具有较好的下射光,称为嵌入式灯(见图 5-9),也称筒灯,主要用于一般照明,方向性好,灯具简洁,易于安装,常用于公共空间。筒灯有聚光型和散光型两种:聚光型一般用于有局部照明要求的场所,如金银首饰店、商场货架等;散光型一般多用作局部照明以外的辅助照明,例如宾馆走廊、咖啡馆走廊等。筒灯的嵌入空间是需要在设计时考虑的,安装筒灯必须留有内插式结构的位置,充分考虑筒灯开孔尺寸和高度对吊顶设计的影响。如:安装 4 英寸直装单管筒灯,吊顶最低要留 160 mm 左右的高度,才能保证筒灯内插结构顺利地安装;4 英寸横插单管筒灯所需的吊顶安装尺寸要小于直装筒灯类型,一般在 100 mm 左右。

图 5-9　嵌入式灯

4. 壁灯

壁灯造型丰富、款式多变。壁灯的照明不宜过亮,灯泡功率多在 15～40 W,这样更富有艺术感染力,光线浪漫柔和,可把环境点缀得优雅、富丽、温馨,常见的有变色壁灯、床头壁灯、镜前壁灯等。变色壁灯多用于节日、喜庆环境;床头壁灯大多装在床头上方,灯头可转动,光束集中,便于阅读。这些灯经常安装在墙壁上,使平淡的墙面变得光影丰富,有很强的装饰性。壁灯安装时不宜过高,应略超过视平线,高为 1.6～1.8 m,同一表面上的灯具高度应该统一。镜前壁灯多装饰在盥洗间镜子上方,多呈长条形状,一般用作补充照明。壁灯的款式选择应根据墙色及整体环境而定。选择壁灯主要看结构、造型,铁艺锻打壁灯、全铜壁灯、羊皮纸壁灯等都属于中高档壁灯,手工制作的壁灯价格比较贵。壁灯在客厅中的应用如图 5-10 所示,各种款式的壁灯如图 5-11 所示。

图 5-10　壁灯在客厅中的应用

图 5-11　各种款式的壁灯

5. 台灯

台灯主要用于局部照明,书桌上、床头柜上和茶几上都可用台灯。它不仅是照明器,而且是很好的装饰品,对室内环境起美化作用。台灯按材质一般分为陶灯、木灯、铁艺灯、铜灯等,按功能分为装饰台灯、护眼台灯、工作台灯等,按光源分为灯泡台灯、插拔灯管台灯、灯珠台灯等。在选择台灯的时候应该注意区别台灯的使用场所,如果重在装饰空间可选用工艺台灯,如果重在工作照明,则可选用书写用的护眼台灯。各种形态的台灯如图 5-12 所示,台灯在客厅中的应用如图 5-13 所示。

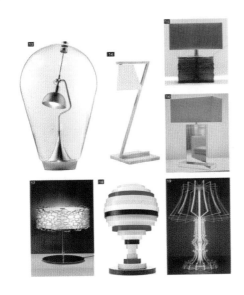

图 5-12　各种形态的台灯

图 5-13　台灯在客厅中的应用

6. 立灯

立灯又称落地灯,也是一种局部照明灯具。它的摆放强调移动的便利,对角落气氛的营造十分适用。它常摆在沙发和茶几附近,作为待客、休息和阅读照明。时下流行的金属抛物线钓鱼灯也属于落地灯的一种,对空间的塑造既有功能性又有趣味性。各种款式的落地灯和落地灯在客厅中的应用如图 5-14 和图 5-15 所示。

图 5-14　各种款式的落地灯　　　　　　　　图 5-15　落地灯在客厅中的应用

7. 射灯

射灯的种类丰富,有夹式射灯、普通挂式射灯、短臂射灯、长臂射灯、轨道射灯、吸顶射灯等,因其造型玲珑小巧,多用于制造效果、点缀气氛,具有装饰性,一般多以各种组合形式置于装饰性较强的地方。

(1)天花射灯。天花射灯在配光类型上属于直接型,一般安装卤素灯光源,款式多样,占地面积小,广泛用于重点照明及局部照明,适合各类场所,选择时注重外形档次和所产生的光影效果,是典型的装饰灯具。

(2)轨道射灯。轨道射灯由轨道和灯具组成,使用卤素灯光源,可以实现在同一轨道上以吸顶式、嵌入式、悬挂式的安装方式安装许多灯具,简化了电路安装并且可以使用软性轨道。灯具能沿轨道移动,并且可改变投射的角度,是一种局部照明用的灯具,主要特点是可以通过集中投光以增强某些需要特别强调的部位的照度,被广泛应用在商场、展览厅、博物馆等场所,以增加商品、展品的吸引力为主要作用。另外,壁画射灯、床头射灯等也属于轨道射灯的范围。轨道射灯在展厅中的应用如图 5-16 所示。

图 5-16　轨道射灯在展厅中的应用

（3）吸顶射灯。吸顶射灯安装灵活，可以满足不同部位的重点照明需求，造型众多，灯杆的长度可以根据需要选择，灯头可以多角度旋转，从而满足不同场合的需要。

8. 日光灯

日光灯又称荧光灯，属于低压气体放电灯，在玻璃管中充有容易放电的氩气和少量的水银，通过激发荧光物质发光。日光灯分为插拔式节能灯、节能灯、管型荧光灯，在造型上有柱形、环形、U 形等多种。荧光灯光效高，使用寿命长，其最大特点是光亮、节能、散射、无影，是典型的一般照明灯具，装饰效果相对差些，是使用较广泛的灯具。

9. 罩灯

罩灯又称吊线灯，灯罩采用硬质塑料、玻璃、不锈钢等材质，使用灯罩将灯光罩住，固定地投射于某一范围内，内置变压器具有过载保护功能。灯具采用独有的平衡装置，精致美观，结实不易破碎，造型别致，具有现代感，便于创造柔和的室内环境。一般在顶棚、床头、商场、餐厅等空间使用，常以悬挂形式出现。餐厅中安装罩灯的比较多，最好选择可调节的线灯，灯光应限制在餐桌正上方范围内，最低点一般距离桌面 800 mm 左右，既能突出餐桌，又引起人的注意，更能增加食欲。罩灯在餐厅中的应用如图 5-17 所示。

图 5-17　罩灯在餐厅中的应用

10. 格栅灯

格栅灯（见图 5-18）根据安装方式不同分为嵌入式格栅灯和吸顶式格栅灯。格栅灯能提高灯具效率和抑制不舒适的眩光，使空间明亮，并可以组成各种长度的连续型光带，被广泛地应用在办公场所。常见的有镜面铝格栅灯、有机板格栅灯，它们具有防腐性能好、不易褪色、透光性好、光线均匀、节能环保、防火性能好等特点，符合环保要求。常用的规格有 600 mm×600 mm、600 mm×1200 mm，规格和天花吊顶矿棉板、铝塑板等材料尺寸统一，施工方便。

11. 光纤灯

光纤由液体高分子化合物聚合而成,光纤传光、发光,不发热、不导电,具有导光性、省电、耐用、无污染、可弯曲、可变色、环境适应范围广、节能环保、使用安全等特点。光纤照明可以创造出十二星座、流星雨、星空风暴、流水瀑布、光纤幕墙、垂帘、光晕轮廓等绚烂多彩的效果。市场上常用光纤灯种类有光纤吊灯、光纤射灯、塑料光纤灯、光纤水晶灯等,光纤水晶灯是由光纤光源与水晶完美搭配而成,不但颜色多元化,比起一般的水晶灯,每颗水晶的中心都十分明亮,从而使灯的光线分布比较均匀,使用起来更加安全。塑料光纤灯光线比较柔和,大大地减少光污染,是近年来的新技术,广泛应用于建筑物装饰照明、景观装饰照明、文物工艺品照明及特殊场合照明等。光纤灯如图 5-19 所示。

图 5-18　格栅灯　　　　　　　　　　　图 5-19　光纤灯

12. LED 灯

LED 是英文 light emitting diode(发光二极管)的缩写。它的基本结构是一块电致发光的半导体材料置于一个有引线的架子上,四周用环氧树脂密封,起到保护内部芯线的作用。利用注入式电致发光原理制作的二极管称发光二极管。此种灯具有显著的节能效果,使用寿命长,内置驱动控制器,能产生整体灯光变化效果,并具有特殊的散热设计,防护等级高、稳定可靠,完全能达到绿色环保。它可以实现其他灯光所不能实现的大范围、大场景的照明,适用于建筑物及立交桥、广场、街道、车站、码头、庭院、舞台、室内空间及娱乐场所等。水立方艺术灯光景观(见图 5-20)是膜结构建筑的 LED 照明景观。

图 5-20　水立方艺术灯光景观

第三节
室内照明作用与艺术效果

在室内环境中,获得充足的日照能保证人们尤其是老人、病人及婴儿身心健康,能保证室内空气卫生洁净,改善室内小气候,提高居住舒适度。室内照明,不仅弥补日照不足,为人们提供良好的光照条件,而且有组织空间、烘托气氛、增添情趣等功能,能引起人们心理上的注意和联想。利用不同的光源和居室墙面、地面、家具颜色和谐配合,可以构成各种各样的艺术环境。

一、营造室内气氛

光的亮度和色彩是决定气氛的主要因素。光的刺激能影响人的情绪,一般来说,亮的房间比暗的房间更为刺激,但是这种刺激必须和空间所应具有的气氛相适应。适度愉悦的光能激发和鼓舞人心,而柔弱的光令人轻松且心旷神怡。

室内的气氛也因不同的光色而变化。许多餐厅、咖啡馆和娱乐场所,常常用加重暖色,如粉红色、浅紫色,使整个空间具有温暖、欢乐、活跃的气氛,暖色光使人的皮肤、面容显得更健康、美丽动人。家庭的卧室也常常采用暖色光而显得更加温暖和睦。但是冷色光也有许多用处,特别在夏季,青色、蓝色的光就使人感觉凉爽。实际运用的时候可以根据不同气候、环境和建筑的性格要求来确定光色。酒吧照明设计如图 5-21 所示。

图 5-21　酒吧照明设计

二、加强空间感和立体感

不同的空间效果,可以通过光的作用充分表现出来。室内空间的开敞性与光的亮度成正比,亮的房间感觉要大一点,暗的房间感觉要小一点,充满房间的无形的漫射光,也使空间有无限的感觉;而直接光能加强物体的阴影,加强空间的立体感。

利用光的作用,可以强调希望被注意的地方,也可以削弱不希望被注意的地方,从而进一步使空间得到完

善和净化。许多商店为了突出新产品,用亮度较高的光对该产品重点照明,而相应削弱次要的部位,获得良好的照明艺术效果。

大范围的照明,如顶棚、支架照明,常常以其独特的组织形式来吸引人。商场连续的带形照明,在使空间更舒展的同时,还可以起到引导人流的作用。专卖店照明设计如图 5-22 所示。酒吧用环形吊饰,造型与家具布置相对应,使空间富丽堂皇。

光环境设计的关键不在于个别灯管、灯泡本身,而在于组织和布置。因此,室内照明的重点常常选择在顶棚上,而且常常结合建筑结构,或结合柱子产生的遮挡、光影,着重体现出建筑内部的空间感觉。

图 5-22　专卖店照明设计

三、光影艺术与装饰照明

自然界的光影由太阳光来安排,而室内的光影艺术靠设计师来创造。光的形式可以从聚集的小针点到漫无边际的无定形式,利用各种照明装置,在适当的部位,以生动的光影效果来丰富室内的空间,既可以表现光为主,又可以表现影为主,还可以光影同时表现(见图 5-23)。

图 5-23　室内照明的光影效果

> 习题

1. 举例说明室内照明设计的方式有哪几种。

2. 给起居室进行天花布置图设计,要求灯具造型选择合理、灯具色彩及照度与空间搭配合理。通过本次作业,掌握天花布置图的绘制规范,熟记室内空间常用的各种灯具的图例。

Shinei Sheji Yuanli yu Shijian

第六章

室内设计要素

> **内容概述**

通过对室内设计中各要素的讲解,详细介绍室内家具、陈设、绿化及标志的作用与分类。

> **能力目标**

掌握家具分类、室内陈设品的选择与布置原则、室内绿化的类型与布局及室内标志的作用。

> **知识目标**

了解室内设计各要素的作用及相关布置原则。

> **素质目标**

能将本章所学室内设计的各要素灵活运用到设计实践中。

第一节
室 内 家 具

一、家具的分类

1. 按照材料分类

现代室内设计常用的家具有木制家具、竹藤家具、金属家具、塑料家具、软垫家具等。

(1)木质家具(见图 6-1)是用木材及其制品如胶合板、纤维板等制作的家具,木质轻,强度高,易于加工,其天然的纹理和色泽具有很高的观赏价值和良好的手感,让人感到亲切,是人们最常用也普遍喜欢的理想家具。木质家具的形式多样,使用木质家具通常可营造出古典雅致的空间氛围。木材的进一步发展使得新型木质家具形式更多样化,而且更富有现代感,在与其他材料结合使用后,使木质家具也充满了强烈的时代气息,逐渐走进现代时尚室内空间。

(2)竹藤家具(见图 6-2)是以竹、藤为材料经编织制作而成的家具,具有质轻、高强、淳朴、自然等特点。而且与木质相比,更富有弹性和韧性。其自然的色泽和柔软感,充满大自然的气质,具有浓郁的乡土气息和地方特色。且造型丰富,颇具艺术感。竹藤家具适合居家使用及具有独特个性空间的艺术场所的塑造,它所创造出的别具一格的空间氛围常给人留下深刻的印象。

(3)金属家具(见图 6-3)通常是以金属为骨架,配以木材、玻璃、塑料等材料组合而成的家具。金属家具往往以简洁大方、干脆利落的形象给人以理智的感觉,并通过金属材料的质感和其他组合材料纯度极高的色彩来实现强烈的视觉效果,其造型设计前卫,现代气息强烈,适应性强。但金属家具的金属质感和生硬的外观总给人以陌生感,与人产生较远的心理距离,所以很少用于传统风格和具有温馨氛围的空间塑造,而相对更适合于现代感强的室内空间及公共场合使用。

图 6-1　木质家具

图 6-2　竹藤家具

(4)塑料家具(见图6-4)是以塑料材质制作成的家具,质轻、高强、耐水,表面光洁,因特殊的材质不仅可以制作出各种造型,而且色彩较其他材料的家具都丰富得多。塑料家具是用于装饰环境、营造气氛最好的家具类型,装饰效果十分强烈,常用于酒吧、餐厅或商场休息空间,并以灯光照射其绚亮的表面,使其造型和形象更具艺术性。

图 6-3　金属家具

图 6-4　塑料家具

2. 按照构造形式分类

家具按构造形式来分有框式家具、板式家具、拆装家具、充气家具、注塑家具。

(1)框式家具(见图6-5)是以框架为家具的承重骨架,以在框架中间镶板或以外观覆各种面板形成的家具,为传统家具形式,具有紧固、耐用、耐磨等特点,如柜、箱、桌、床等多为这种形式的家具。因其用料较多,形式较笨重,使用不方便,所以在现代室内设计中已不常用。

图 6-5　框式家具(明代黄花梨方角柜)

（2）板式家具以不同板材进行拼装,以胶黏结或五金构件连接而成。多用人造板材,以结构承重和围护分隔为主要功用,结构简单、用材较少、组合灵活且形式简洁、外观大方、造型丰富,用途较广,极富时代气息。

（3）拆装家具主要以木拼接,各块之间以金属、塑料连接器或螺栓式木质螺丝连接,有时还使用木质圆销加以定位,各部件可拆可装,便于运输、携带、储藏。

（4）充气家具(见图6-6)是以内充气体承重的家具,由聚氨基甲酸乙酯泡沫和密封气体构成,内部空腔可通过调节阀调整至适合人使用的最佳状态。充气家具的特点是重量轻、用材少,其形象变化丰富,造型新颖,充满娱乐性,给人以较强的视觉感受。

图 6-6　充气家具

（5）注塑家具(见图6-7)是用各种硬质塑料和发泡塑料,用特制的模具浇注成型的塑料家具,其整体性强,具有特殊的空间结构。因为其质轻、成型自由,所以加工方便,可以大批量生产,亦适宜制作小型桌椅。外观光洁、色彩丰富又易于清洁,多用于幼儿园、餐厅及候车室、候机室。

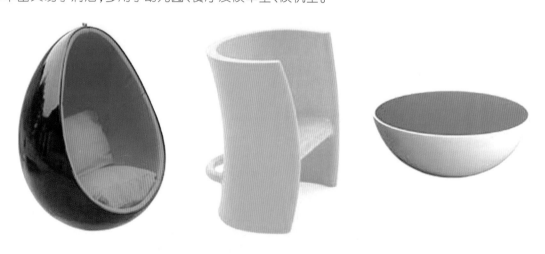

图 6-7　注塑家具

3. 按照组合、安装形式分类

家具按组合、安装形式来分有单体家具、配套家具、组合家具、固定家具、多用家具。

（1）单体家具是在家具诞生之初出现的。家具最初作为一种独立的工艺品出现,相互之间没有必然的联系,用户可根据自己的需求和爱好单个购买。随着人们对家具使用功能要求的不断提高,不同功能、形式的家具在室内空间逐渐形成了一个组合体。随着人们审美意识的增强,单个家具已不能满足人们使用和审美的共同需求,因此逐渐被配套家具和组合家具所代替。

(2)配套家具(见图6-8)是家具设计师根据人们的使用需求和审美要求设计出的可成套使用的,符合人的正常生活需求的系列家具。配套家具中的各单个家具的材料、样式、尺度、装饰等各方面都进行统一设计,实现因配套家具的使用使得室内环境和谐统一的效果。配套使用的家具有卧室里使用的床、床头柜、衣橱等,客厅里使用的沙发、茶几、装饰柜等。配套家具的使用使得用户在选择家具的时候有了统一的规格,只要确定风格便可成套购买,而且对室内设计而言,也省去了许多问题。

(3)组合家具(见图6-9)是一种可依使用者的需求和室内设计的要求进行自由组合和安装的家具,具有拼接的灵活性和多样性。组合家具通常有两种形式,一种是单个的家具,如沙发,通过形状的变化可实现坐、卧两种需求;另一种是将成套家具中的单体家具进行拼接,使其成为一个整体,构成的不同形式可对室内空间的重新组合和重新定位起到分隔或组合空间的作用。

图6-8　配套家具

图6-9　组合家具

(4)固定家具是与建筑物一体、与建筑空间同时存在的家具,如建筑室内的壁柜、吊柜、搁板等。固定家具充分利用空间,既有使用的功能,又有分隔空间的作用,还可营造特殊的环境氛围。不过,有时因固定家具的存在,其形式和外观往往会对室内设计产生少许局限。

二、家具在室内空间中的作用

家具是室内环境极其重要的组成部分,与室内环境设计有着密不可分的关系。除了本身具有的坐、卧、凭依、储藏等固有的使用功能外,在室内环境中,家具还具有特定的物质功能和精神功能。

1. 组织空间、分隔空间

对室内设计空间形式的体现,家具起着分隔、组合及填补空间的作用。利用家具来分隔空间是现代建筑室内设计为提高室内环境的灵活性而进行的室内空间再创造。如在一个较大型的住宅客厅里,常用组合柜或板、

架家具将其分隔成不同大小的空间,并使分隔后的空间适合于各种活动所用。在办公室里,常以柜、架等物分隔,进而围合成适合个人工作的小空间。在酒店、商场中常以家具、货架、货柜来组织空间、分隔空间(见图 6-10 和图 6-11)。

图 6-10　酒店大厅利用家具组织空间

图 6-11　商场以货架、货柜分隔空间

2. 陶冶情操、营造气氛

　　家具在作为创造室内特定气氛的中介方面,为人们了解室内空间性质及感受室内空间氛围起到了最强有力的形象表现作用。因此,在很大程度上作为观者的人们也会受其艺术的感染和熏陶,而且在对家具的审美过程中,人们的审美趣味和审美理想也会不自觉地发生变化。室内设计风格的审美也会随着家具风格的改变而发生变化。简约欧式家具和现代中式风格家具如图 6-12 和图 6-13 所示。

图 6-12　简约欧式家具

图 6-13　现代中式风格家具

第二节
室 内 陈 设

一、室内陈设的类型

室内陈设主要包括纺织陈设品、日用陈设品和装饰陈设品。

1. 纺织陈设品

不同空间饰以不同织物,就能创造不同的气氛,收到不同的效果。比如卧室用质地柔软、纹理质感丰富的织物进行布置,可以柔化环境,协调整体气氛。室内织物种类较多,大致可以分为地毯(见图 6-14)、壁挂、蒙面织物(见图 6-15)等。此外,织物面积的大小不同,其功能也不相同:一般小面积的织物用来点缀、渲染、烘托室内环境气氛;大面积织物除此功能外,还可以限定空间。

图 6-14　地毯　　　　　　　　　　　　　　　　图 6-15　蒙面织物

2. 日用陈设品

日用陈设品包括陶瓷器具(见图 6-16)、玻璃器具(见图 6-17)、金属器具、文体类用品等,其功能主要是使用。现代日用品的使用频率很高,而且造型日趋精美,因此在室内陈设中占有重要位置。

3. 装饰陈设品

装饰陈设品指本身没有使用价值而纯粹用于观赏的陈设物品,包括艺术品、工艺品、纪念品等。艺术陈设品在选择上应注意作品的内涵是否符合室内的格调,其造型、色彩是否与室内空间的气氛相统一;室内空间中

工艺品的配置则要注意以空间的用途和性质为依据,挑选能够反映空间意境和特点的才能取得预期效果。墙面装饰和艺术品装饰如图 6-18 和图 6-19 所示。

图 6-16　陶瓷器具

图 6-17　玻璃器具

图 6-18　墙面装饰

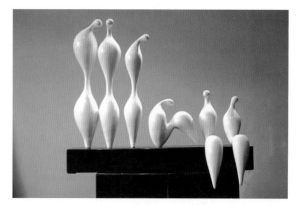

图 6-19　艺术品装饰

二、室内陈设的作用

　　室内陈设是室内环境中不可分割的一部分,尤其是在近年"轻装修、重装饰"的装修理念影响下,成为室内空间环境十分重要的设计构成内容之一,其主要作用表现在以下几个方面。

　　(1)烘托环境氛围。在室内环境空间中,不同的陈设物品对烘托室内环境气氛具有不同的作用。如中餐厅可以利用字画、古玩来创造高雅的文化氛围(见图 6-20),而现代室内空间可以采用具有时代特色的陈设物品创造富有现代气氛的室内环境空间(见图 6-21)。

　　(2)强化室内风格。室内空间有各种不同的风格,它们对室内陈设物品有特殊的要求,选择恰当,对室内风格的形成起着较大的作用。波普风格室内装饰和碎花窗帘突出田园风格如图 6-22 和图 6-23 所示。

图 6-20　中餐厅

图 6-21　现代室内环境空间

图 6-22　波普风格室内装饰

图 6-23　碎花窗帘突出田园风格

(3)反映个性特点。我国各民族都有其自身的特点,许多陈设物品都具有强烈的民族个性,而室内设计就是要充分发挥地方特色,取其精华,结合现实生活来营造环境空间的个性特点。具有民族特色的云南小店如图 6-24 所示。

(4)陶冶品性情操。在室内空间中,格调高雅、造型优美、具有一定文化内涵的陈设物品能使人们产生心旷神怡的感受,而这样的陈设物品已超越本身的美学价值而具有较高的精神境界。

图 6-24   具有民族特色的云南小店

三、室内陈设品的布置原则

室内陈设物品的风格是多种多样的,在具体的设计布置中,首先要使其格调统一,与整体环境相协调;其次,室内陈设的构图应均衡,并与其空间合理相处;再次,就是室内陈设应有主次之分,才能让空间层次更为丰富;最后,室内陈设还应注意观赏效果,并考虑其放置后的安全性;另外,还需从陈设物品的风格、造型、色彩、质感等各方面进行精心推敲。

第三节
室 内 绿 化

一、室内绿化的作用

1. 净化空气,调节小气候

植物可净化空气,减少污染,它们是许多微量污染物的代谢渠道。大多数花开白天进行光合作用,吸收二氧化碳,释放氧气,夜间进行呼吸作用,吸收氧气,释放二氧化碳。例如柠檬、茉莉等植物散发出来的香味能改变人们因单调乏味的工作而导致的无精打采的状态;吊兰、芦荟、虎尾兰能大量吸收室内甲醛等污染物质,减少室内空气污染。

2. 组织空间,引导空间

在室内空间中有许多角落是比较难处理的,如沙发垂直布置时剩下的空间,墙角、楼梯的底部等,这些角落都可以利用绿化来做空间上的填充(见图 6-25)。由此可见,利用绿色植物不仅可以使空间更为充实,而且能打破空间的生硬感,起到室内空间组织的作用。

图 6-25　用植物填充沙发的角落

3. 柔化空间,增添生气

室内绿化比一般陈设品更有活力,它不仅具有形态、色彩与质地的变化,而且姿态万千,能以其特有的自然美为室内空间增加动感与魅力(见图 6-26)。

4. 美化环境,有益健康

绿色在人类的视野中占 25%,就能消除眼睛的生理疲劳,提神醒脑。对久坐办公桌前、面对显示器或制图板的人们来说,植物的自然环境可以帮助他们缓解压力,更好地完成工作任务,舒缓社会竞争带来的身心压抑感(见图 6-27)。

图 6-26　室内空间中的植物　　　　　　图 6-27　办公室中的植物

二、室内绿化的布局

1. 点状布局

室内绿色景观点状配置即指独立设置景观元素,如盆栽、乔木、灌木等。它们往往是室内的景观点,具有观赏价值和较强的装饰效果。点状布局如图 6-28 所示。

2. 线状布局

线状布局(见图 6-29)是指绿化呈线状排列的形式。线状布局有直线式和曲线式之分,其中直线式是指用数盆植物排列于窗台、阳台、台阶或厅堂的花槽内,组成带式、折线式等,能起到区分室内不同功能区域、组织空间的作用;而曲线式则是把花木排成弧线形,多与家具结合,并借以划定范围,组成自由流畅的空间。

图 6-28　点状布局　　　　　　　　　　图 6-29　线状布局

3. 面状布局

成面的绿化多数是用作背景的。这种绿化的体、形、色等都应以突出其前面的景物为原则。有些面状绿化可能是用来遮挡空间中有碍观瞻的东西,这时,它不是背景,而是空间内的主要景点。面状布局如图 6-30 所示。

图 6-30　面状布局

4. 组合布局

组合布局是指由点、线、面有机结合构成的绿化形式,是室内绿化中采用最多的方式。布置中应注意高低、大小、聚散的关系,并在统一中有变化,以传达出室内绿化丰富的内涵和主题的寓意。

第四节
室 内 标 志

一、室内标志的作用

室内公共环境识别标志是用图形符号表示规则的一种方法。它用一目了然的图形符号,以通俗易懂的方式表达、传递有关规则的信息,而不依赖于语言、文字。其主要作用表现在以下几个方面。

识别:标志图形符号在室内公共环境中能够对人们识别空间环境起到导向的作用。

诱导:标志图形符号能够诱导人们在室内环境中依次从一个空间走向另一空间。

禁止:标志图形符号能够在室内公共环境中起到制止或不准许某种行为发生的作用。

提醒:标志图形符号在室内公共环境中能够为人们的某种行为起到提醒的作用。

指示:标志图形符号能够在室内公共环境中起到空间环境方向的指示作用。

说明:标志图形符号在室内公共环境中能够对某种人们不了解的事物起到说明与解释的作用。

警告:标志图形符号能够在室内公共环境中预防可能发生的危险,起到预先警告的作用。

室内公共环境场所常用的导向识别图形如图 6-31 所示。

图 6-31　室内公共环境场所常用的导向识别图形

二、室内标志的分类

1. 从导向形态划分

室内视觉导向:在室内公共场所中视觉导向具有重要作用,具体包括文字导向、图形导向、照片、POP广告、展示陈列、影视、声光广告等内容。

室内听觉导向:利用听觉来完善现代商业室内公共场所中的导向系统有其他知觉等无可比拟的作用。

室内空间导向:利用室内空间上的变化进行公共环境场所的空间导向处理比其他导向形式要自然、巧妙、含蓄,并能使人们在不经意之中沿着一定的方向或路线从一个空间走向另一个空间。

室内特殊导向:主要指为各类残疾人提供的无障碍设计导向。

2. 从设置形式划分

立地式标志:在室内空间环境中用各种材料与处理手法制作,立于地面的导向识别标志设置形式,其造型形式各异、种类丰富(见图6-32)。

壁挂式标志:在室内空间环境中利用墙面贴挂的各类导向识别标志(见图6-33)。

悬挂式标志:在大中型室内空间环境中悬挂在顶棚上的各类导向识别标志,这种形式的特点为醒目,并且非常方便人们识别(见图6-34)。

图 6-32　立地式标志　　　　图 6-33　壁挂式标志　　　　图 6-34　悬挂式标志

> 习题

1.根据不同的分类方式,室内标志可以分为哪些常见形式?

2.对同一户型,针对不同人群做陈设设计。

Shinei Sheji Yuanli yu Shijian

第七章
居住空间设计

> 内容概述

通过对居住空间的基本知识的讲解,阐述居住空间设计的基本概念,并对家居设计的基本步骤和设计要素进行介绍。

> 能力目标

能够根据不同的家居空间要求考虑其设计要素。

> 知识目标

了解居住空间的分类和要求,以及空间的处理手法。

> 素质目标

能够依据不同的家居空间进行相应的设计。

第一节
居住空间设计概述

随着生活水平的不断提高、住房条件的改善,人们对居室环境多样化与现代化的要求越来越高。人们对居住环境的要求完成了"生存—舒适—艺术"的变化,居住空间设计在环境艺术设计中的地位越来越突出。根据不同对象的年龄、文化层次等进行家居空间设计,体现生活方式与生活空间的多样化,已是设计师新的追求。

室内指建筑的内部空间环境。室内设计是指根据建筑和建筑所提供的环境,综合运用物质技术手段对室内空间进行组织和利用,创造出满足并引领人们在生产、生活中物质和精神需要的室内环境。

居住空间设计是为了满足人们生活休息、社交工作的物质要求和精神要求所进行的理想内容的环境设计。

第二节
居住空间设计要求

一、住宅的室内空间功能完备

随着社会的不断进步及人们生活质量的不断提高,住宅的空间在组织上、功能上也发生着变化。居住空间的功能已由单一的就寝、吃饭发展到集休闲、工作、烹饪、会客、休息等多功能于一身的综合空间。因此在设计时应充分考虑各种功能。

二、室内空间布局合理

住宅室内功能包括很多种,基本的生活活动有休息、娱乐、待客等。住宅的室内空间按照不同分类方法可分为动、静区,干、湿区等。那么合理划分室内各个功能空间,做到既能充分合理地使用室内面积,又能满足生活的各个功能需求,使之不相互冲突就显得十分重要。

三、整体协调,突出重点

进行居住空间设计应本着安全、舒适的前提,营造一个整体协调、风格统一、体现文化的室内环境,避免整个室内环境各处相互独立,搭配生疏晦涩,整体不协调。生硬搭配,简单抄袭,各个功能空间之间过渡不自然,甚至各个局部之间互相冲突,会使室内的整体空间效果下降。从室内的大环境到装饰的细部应是一个有机的整体,互相之间层次分明。

四、以人为本,舒适实用

居住空间设计的对象是有针对性的固定居民,满足的功能应该充分考虑居住者的实际使用需求,视居住者的实际需求,进行相应的功能考虑。千篇一律的设计会造成不同居住者这样或那样的功能不足或不必要的功能浪费。居住者在生活的过程中,虽然要进行一定的社会活动,但相对整体的功能来说,住宅是休息生活的场所,营造一个舒适的休息生活环境是居住空间设计的主要原则。

第三节
居住空间的分类

据家庭问题专家分析,每个人在住宅中要度过一生中 1/3 的时间。而一些家庭成员如家庭主妇和学龄前儿童在住宅中居留的时间会更长,甚至达到了 95%,上学子女在住宅中度过的时光也达到 1/2～3/4。人在住宅中居留时间越长,其对生活空间环境的要求也越高。住宅的空间组成实质上是由家庭活动的性质构成,范围广泛,内容复杂,但归纳起来,可以分为群体活动空间和私密性空间两种。

一、群体活动空间

群体活动区域是以家庭公共需要为对象的综合场所,是一个与家人共享天伦之乐兼与亲友联系情感的日常聚会空间。一方面它为家庭生活聚集的中心,在精神上反映和谐的家庭关系;另一方面它是家庭和外界交际的场所,象征着合作和友善。家庭的群体活动主要包括聚谈、视听、阅读、用餐、娱乐及儿童游戏等内容。这些活动规律、状态根据不同家庭结构和家庭特点(年龄)有极大的差异。如图 7-1 所示空间具备阅读、聚谈、视听等功能。

图 7-1 群体活动空间

1. 起居室

起居室是家庭群体生活的主要活动空间,是"家庭窗口"。起居室有三个重要部位,即门厅、客厅和餐厅,在狭义上主要是指客厅。

起居室相当于交通枢纽,起着联系卧室、厨房、卫浴间、阳台等空间的作用。起居室的设置对动静分离也起着至关重要的作用。动静分离是住宅舒适度的标志之一。

起居室中的活动是多种多样的,其功能是综合性的,图 7-2 所示是起居室中的主要活动内容。可以看出起居室几乎涵盖了家庭中八成以上的活动内容,并形成良好的过渡。

图 7-2 起居室内主要活动内容

2. 餐厅

餐厅是家人日常进餐的主要场所,也是宴请亲友的活动空间。因其功能的重要性,每套居住空间都应设独立的进餐空间。餐厅的开放或封闭程度在很大程度上是由可用房间的数量和家庭的生活方式决定的。

餐厅空间的处理有以下几种形式。

(1)独立式,此设置适合居住面积大的空间。餐厅独立,能确保家庭成员在此功能空间中的活动不受干扰,自由度较大,易表现其独特的个性。如图 7-3 所示是独立式餐厅。

图 7-3 独立式餐厅

（2）餐厅与客厅相连，这是一般家庭采用的形式，主要是在有限的空间下，利用互借而扩大视觉空间的一种形式。有一字形的布局，即客厅与餐厅两个空间合二为一，使它们空间界线模糊，视觉空间在相互的延续中得到扩展。但在设计时，还是以客厅空间为主导，餐厅空间为从属。空间中有的采用无间隔敞开式的布局，有的采用半间隔局部敞开式布局，有的通过顶棚、地面色彩及层高的变化造成不同空间的感觉。设计时应注意餐厅与客厅格调的一致性。如图7-4所示是餐厅与客厅相连。

图 7-4　餐厅与客厅相连

（3）餐厅与厨房甚至与客厅相连，产生大空间的效果。这是受西方生活方式的影响而设计的空间。但由于西餐烹调加工形式与我国有明显不同，所产生的油烟与污染物指数也不同。中式菜肴在烹饪过程中产生的油污，虽有抽油烟机的抽取，但仍有排不净而产生的污染问题。餐厅与厨房相连，视觉空间能得到有效的延伸，而且厨房不再是以往给人脏乱的感觉，色彩明亮、具有现代感的橱柜，已成为家居设计中的一道风景，因而这种空间形式受到年轻人的推崇。人们在餐厅与厨房之间设计玻璃推拉门，以加强视觉上的联系，避免油烟的侵蚀，这便是根据我国实际情况而形成的处理手法。餐厅与厨房相连如图7-5所示。

图 7-5　餐厅与厨房相连

3. 厨房

世界生活方式的不断融合，给厨房的布局和内容也带来了更大的选择余地，也对设计造型、功能组织提出更高的要求。理想的厨房必须同时兼顾如下要素：流程便捷、功能合理、空间紧凑、尺寸科学、添加设备、简化操作、隐形收藏、取用方便、排除废气、注重卫生。

在进行厨房室内布置时，必须注意厨房与其他家庭活动的关系。厨房具有多种功能，可根据其功能将它划分为若干不同区域。厨房的布置要关注的是厨房与其他空间的渗透、融合。厨房的基本类型可以分为开放型、半开放型和封闭型。如图7-6所示是半开放式厨房。

为了研究厨房设备布置对厨房使用情况的影响，通常利用所谓的工作三角法来讨论。工作三角，是指由三

图 7-6　半开放式厨房

个工作中心之间连线所构成的三角形。一般认为,当工作三角的边长之和大于 6.7 m 时,厨房就不太好用了,较适宜的尺寸,是将边长之和控制在 3.5～6 m。利用工作三角这一概念,厨房平面布置形式可以分成下面几种。

(1)U 形厨房。工作区共有两处转角,空间要求较大。水槽最好放在 U 形底部,并将配膳区和烹饪区分设两旁,使水槽、冰箱和炊具连成一个正三角形。根据我国住宅厨房有关规定,U 形厨房最小净宽为 1900 mm 或 2100 mm,最小净长度为 2700 mm。图 7-7 所示是 U 形厨房。

(2)半岛式厨房。半岛式厨房与 U 形厨房相类似。其烹调中心常常布置在半岛上,而且一般是用半岛式厨房与餐厅或家庭活动室相连。半岛式厨房如图 7-8 所示。

图 7-7　U 形厨房　　　　　　　　　　　　　　　　　图 7-8　半岛式厨房

(3)L 形厨房。将清洗、配膳与烹调三大工作中心,依次配置于相互连接的 L 形墙壁空间。最好不要将 L 形的一面设计过长,以免降低工作效率。这种空间运用比较普遍、经济。根据我国住宅厨房有关规定,L 形厨房最小净宽为 1600 mm 或 2700 mm,最小净长度为 2700 mm。

(4)走廊式厨房。走廊式厨房将工作区沿两面墙布置。在工作中心分配上,常将清洗区和配膳区安排在一起,而烹调区独居一处。这种形式适于狭长房间,要避免有过大的交通量穿越工作三角,否则会感到不便。根据我国住宅厨房有关规定,走廊式厨房最小净宽为 2200 mm 或 2700 mm,最小净长度为 2700 mm。

(5)单墙厨房。对于小公寓,单墙厨房是一种最适宜的设计方案。几个工作中心位于一条线上,构成一种非常好用的布局。但是,在采用这种布置方式时,必须避免把"战线"拉得太长,并且必须提供足够的储藏设施和足够的操作台面。根据住宅厨房有关规定,单墙厨房最小净宽为 1500 mm 或 2000 mm,最小净长度为 3000 mm。

(6)岛式厨房。这个"岛",充当了厨房里几个不同部分的分隔物。通常设置一个炉台或一个水池,或者是两者兼有,同时从各边都可以就近使用它,有时在"岛"上还布置一些其他设施,如调配中心、便餐柜台、附加水槽及小吃处等。如图 7-9 所示是岛式厨房。

图 7-9 岛式厨房

二、私密性空间

私密性空间是为家庭成员进行私密活动所提供的空间。它能充分满足家庭成员的各个需求,既是享受私密权利的禁地,又是子女健康不受干扰的成长摇篮。设置私密性空间是家庭和谐的主要基础之一,其作用是使家庭成员之间能在亲密之外保持适度的距离,可以促进家庭成员维护必要的自由和尊严,解除精神负担和心理压力,获得自由抒发的乐趣和自我表现的满足,避免干扰,进而促进家庭情谊的和谐。完备的私密性空间具有休闲性、安全性和创造性,是能使家庭成员自我平衡、自我调整、自我袒露的不可缺少的空间区域。

1.卧室

卧室是人们休息睡眠的场所。卧室设计必须力求隐秘、恬静、舒适、便利、健康,在此基础上寻求温馨氛围与优美格调,充分释放自我,求得居住者的身心愉悦。根据卧室中的不同使用功能的需求,可对卧室空间进行如下分区:睡眠区、更衣区、化妆区、休闲区、读写区、卫生区。设计时要考虑以下几点:防水要求、防潮要求、隔音要求、休闲要求、私密要求、储存要求。如图 7-10 所示是具备睡眠和阅读功能的卧室,如图 7-11 所示是具备储存和更衣功能的卧室。

图 7-10 具备睡眠和阅读功能的卧室

图 7-11 具备储存和更衣功能的卧室

2. 卫生间

卫生间是家庭生活卫生和个人生活卫生的专用空间,现在人们对卫生间及其卫生设施的要求越来越高,卫生间设计成为住宅设计的重点,且设计也朝着日趋精、善、美的方向发展。如图 7-12 所示的卫生间是具备便溺、洗洁、盥洗等功能的活动空间。

图 7-12　卫生间

卫生间设计要点包括以下六个方面。

(1)地面:要注意防水、防滑。

(2)顶部:防潮、遮掩最重要。

(3)洁具:追求合理、合适。

(4)电路:安全第一。

(5)采光:明亮即可。

(6)绿化:增添生气。

三、书房

随着人们生活品位的提高,书房已经是许多家庭居室中的一个重要组成部分,越来越多的人开始重视对书房的装饰。在装饰书房时,总体应以简洁、文雅、视觉宽敞为原则,不宜搞得花哨繁复。若是兼作会客空间,局部气氛可适当活跃些,而整体仍应顾及宁静,体现高雅、脱俗的气氛。家具则是书房装饰中最为重要的硬件设施,切不可忽视。一套优美的高品位书房装饰家具,不仅能显示出主人的修养、个性和职业,而且会使整体空间充溢着清新的气质,如图 7-13 所示。

图 7-13　书房

1. 书房设计原则

1）安静

书房作为思考、学习和工作的场所，需要有一个宁静而安详的环境。因此，应尽可能与儿童房、餐厅等较嘈杂的地方分开。书房的恬静，除了环境因素外，做好墙壁的隔音处理也很重要。

2）舒适

不论是在家学习，还是SOHO一族在家办公，或是工作之余的休息、放松，营造一个舒适的空间是必需的。舒适的空间有助于缓解人的精神压力，放松心情，提高工作效率。如图7-14所示的书房空间里的沙发能使书房空间更为轻松舒适。

图 7-14　书房空间设计

3）个性化

书房是供个人使用的空间，能够充分体现主人的文化修养、生活理念及个人爱好。书房基本元素的组合，计算机桌、计算机椅、各式组合的书柜、书架及休闲小沙发的摆放形式，都能充分展现主人的生活品位。如图7-15所示的书房细节的设计能表现出主人的爱好和生活品位。

图 7-15　书房细节设计

2. 书房位置的选择

书房根据个人需要分开放式和封闭式两种。开放式书房可设计在起居室、卧室等的一角,既可作为主人读书、工作的地方,又可与两三知己在此聊天谈心;封闭式书房则相对安静,不易被人打扰。书房需要的环境是安静,少干扰,但不一定要私密。如果各个房间均在同一层,那它可以布置在私密区的外侧,或门口旁边单独的房间。如果它同卧室是一个套间,则在外间比较合适。读书不能影响家人的休息,而且读书活动经常会延续至深夜,中间也许要吃夜宵,要去卫生间,所以最好不要路经卧室。如图7-16所示书房的选址为地下室,使环境更为安静。

图 7-16　位于地下室的书房

3. 书房设计中的注意事项

1)通风

良好的通风环境有利于保持室内空气的清新,促进血液循环,使人心情愉悦,保证身体健康。另外书房里越来越多的电子设备,需要良好的通风环境,一般不宜安置在密不透风的房间内。门窗应能保障空气对流顺畅,有利于设备散热。

2)温度

因为书房里有计算机和书籍,故而房间的温度最好控制在0~30 ℃。

3)书籍的摆放

将所有藏书分门别类,然后各归其位,这样,要看的时候,依据分类的秩序,就省去了到处找书的麻烦。藏书太多,不妨将书柜做得高一些,取时借助一个小梯子。

> 习题

1. 什么是居住空间设计的基本理念?

2. 以自己对家居环境的理解与观察,在设定的 50 m² 的空间中,为年轻男性或女性设计生活的居室空间。

Shinei Sheji Yuanli yu Shijian

第八章
公共空间设计

> **内容概述**

通过对公共空间的基本知识的讲解,阐述公共空间设计的几种形式,并对这几种空间设计的内容和原则进行介绍。

> **能力目标**

能够根据不同的公共空间要求考虑其设计要素。

> **知识目标**

了解公共空间的类型和设计内容。

> **素质目标**

能够对不同的公共空间,根据客户的需求进行相应的设计。

公共空间就是集体空间:说小点,家里的客厅、厨房等是公共空间;说大点,马路、广场、博物馆等很多人去的地方是公共空间。

公共空间的设计不是目的和结果,也不是设计迎合少数人的标志,而是一个过程,是一个大众参与并不断展现其生活变换的过程,新的设计并不仅是新的风格或新的形式,而且是指新的内容和创造新的生活方式。

第一节
商业空间设计

一、商业空间设计概述

商业空间泛指为人们日常购物活动所提供的各种空间、场所,人们在这些空间中完成商业的购销活动。作为商品生产者和消费者之间的桥梁和纽带,商城已成为预测市场动向、了解消费者需求、反馈商品信息、协调产销关系的场所。

顾客到商场来的基本目的是买商品,而商场经营者开设商店的基本目的在于卖商品,以获得商业利润。商品经济的发展,使买卖的双方成为商业购物环境中的主体,即消费者和商品经营者,缺少一个便没有商业活动。商业环境空间不断发展,使消费者的购物行为更加方便、舒适、愉快,使商家的服务更加快捷、周到、完美,交易形式、商家管理、购物环境等在适应双方的需求中不断变化,不仅推动了商业环境品质的提高,而且促进了社会经济活动的繁荣。

二、商业空间的设计类别

1. 商业街设计

商业街一般拥有一个或几个商业中心。大中型综合商场、超市做核心,加之周围的众多商铺、专业商店,不仅有购物空间,而且有许多餐饮、娱乐等服务性商业空间。随着商品经济的发展及商业竞争的日益激烈,为了便于消费者挑选、购买商品,有的商业街基本上是由若干经营同一种类型商品的专营店或摊点组成,即所谓的成行成市。此外还有限制时间、地点、经营品种的商业街。图 8-1 所示为商业街设计。

图 8-1　商业街设计

　　室内与环境设计的设计师,应该注意所设计的商场在整条商业街中的地位,即自身类型的定位及所具有的特点,从以下两个方面着手考虑。

　　(1)店面的装饰设计。

　　(2)室外和门面的广告招牌、霓虹灯设计及其周边的环艺绿化、小品设计。

2. 商业中心(或大型综合性商业建筑)设计

　　商业中心与商业街的不同之处在于商家是集中在一幢或几幢大型建筑内,如目前各大城市中的商场,它的组合形式不是条形分布,而是以室内的块面为主(在建筑与建筑之间以连廊围合而成,室外广场也常常加上透明顶盖、光棚)。商业活动的多元化产生复合型的商业建筑空间组合。

　　设计师应特别注意由于功能综合而出现的多种流向线、多向进出口、内外交通的连接、大量集聚人流的合理安排、疏散的安全性等。同时,公共空间艺术的个性化设计也是考虑的重点。

3. 大型自选商场和大中型综合零售商场设计

　　大型自选商场和大中型综合零售商场的商品品种非常齐全,其面积从一万平方米到几万平方米不等。规模属中型的综合商场,其经营商品品种不像大型商场那么丰富,一般为社区型的综合商场,但人们所需要的日常百货、家用电器基本都有。这个层次的商场通常是由一家大型的商场管理集团负责管理经营,如世界零售业巨头美国沃尔玛、法国家乐福和北京王府井百货集团、广州广百集团等。对销售区域的设计,通常采用两种方法:一是由各商品销售商、品牌店提出设计要求,由商场环境的总设计单位统一协调标志、标准用色、标准广告等规范性的功能要求;二是由各品牌销售商设计,由总设计单位做好各区域的总协调和衔接。对有较多的中庭、连廊、门厅、走道、休闲广场等的公共空间,更讲究设计的综合性。

4. 专卖店设计

　　专卖店由于经营的品种比较单一,如各种品牌时装店、眼镜店、钟表店、金银珠宝首饰店、鞋店、纪念品店、精品店等,往往面积不很大,常见的多为几十平方米到几百平方米,其分布位置如下。

（1）分布在商业街或商业中心，依托于大中型商业建筑，如图 8-2 所示的是服饰专卖店。

图 8-2　服饰专卖店

（2）分布于居民住宅小区的适当位置，方便购买。

（3）若干经营同一类商品的专卖店组合成专业的商业中心和街区，形成聚集效应，成行成市，如布匹市场等。

第二节
办公空间设计

一、办公空间设计概述

办公空间是一种开放与封闭空间并存的人类工作空间形态。办公空间包含一种敞开的人际交流场所精神。办公空间设计不仅包含艺术装饰元素的运用，而且是对空间的各个方面诸如人体工程学、建筑结构与设备配套、声光电等技术的整合。这种整体性的要求对设计师来说，工作量大、强度高。

现代办公空间形态及功能组织关系是在适应现代公司人员组合形式、硬件条件等状态下形成的,其功能关系表达如图8-3所示。

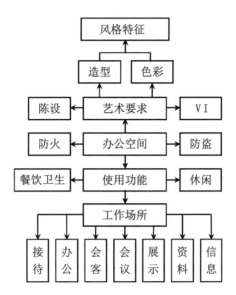

图8-3　功能关系表达

设计原则为"3F"原则,即:

(1)适应自然,与环境协调原则(fit for the nature);

(2)以人的需求为目的,以人为本原则(fit for the people);

(3)适应时代的发展,动态发展原则(fit for the time)。

二、办公空间设计基础

办公空间的设计基础有其独特的对环境认识的要求。

办公空间是私密与公共空间的集合体,了解基本的人与人、人与机器、人与环境之间的关系的知识,掌握基本的设计绘画基础,是进行办公空间整体设计的基础。

1. 办公空间功能分类

办公空间根据其空间使用性质、规模、标准的不同分为工作空间、公共空间、服务空间、附属空间等;按其布局形式来分有开放式、独立式和半开放半独立的随机式三种,如图8-4所示是开放式办公空间;依据其工作类别来分有行政、商业、专业、综合性几种形式。

2. 办公空间设计构成要素

办公空间的设计构成要素主要包括三个方面的内容:人机对话范畴、人人对话范畴、人与环境对话范畴。

1)人机对话

(1)办公家具,通常包括桌、椅、隔断等。

(2)办公设备。

(3)资料管理。

图 8-4　开放式办公空间

2)人人对话

(1)私密空间与敞开空间之间度的把握:办公空间设计并不是单一空间分隔形式的运用,而是在通盘考虑下的各种空间形式的搭配组合。

(2)交流与协同:各个部门各司其职、员工之间紧密合作是保证团体良性发展的必要前提。设计师必须在办公空间中建立相应的场所以利于上述协作工作的展开,比如小型会议室、小型多人工作室等。

3)人与环境对话

环境界面设计给人提供视觉、听觉、触觉、嗅觉上的种种感受。人对办公环境的感知就是空间要素对人感官的影响。这包括空间形态、环境界面、空间色彩、空间材料的运用等多个方面。

三、办公空间的基本设计手法

1. 开与围

开与围取决于空间的功能特性,如董事长室、财务室、会议室等空间可以采取相对围合的设计手法,而员工区域、接待区则可多考虑选择敞开式空间布局。

另外,垂直空间的形态变化也同样可以遵循上述设计思路。空间设计实际上就是开与围的比例分配问题。如图 8-5 所示是敞开式空间布局。

2. 动与静

接待、休息休闲、文印、盥洗等空间相对于其他空间来说则应显得更动态、活泼。将空间的这种不同特性有意区分开来,对设计安排人员的流动线路是非常有益的。如图 8-6 所示的是动静空间。

3. 穿插与相邻

穿插渗透的设计手法,自古以来就被人们广泛使用,中式园林的空间设计手法就是典型代表。在大空间中,每个小空间相对独立,但又相互连接,形成所谓的流动空间。

图 8-5　敞开式空间布局　　　　　　　　　　　　　　　　图 8-6　动静空间

4. 引导与暗示

　　在空间设计中有意识地引导使用者的视线,以起到空间的前后联系及暗示作用。如图 8-7 所示的是引导与暗示空间。

图 8-7　引导与暗示空间

第三节
餐饮空间设计

一、餐饮空间设计概述

餐饮空间设计的概念不同于建筑设计和一般的公共空间设计,在餐饮空间中,人们需要的不仅仅是美味的食品,更需要的是一种使人的身心彻底放松的气氛。餐饮空间的设计强调的是一种文化,是一种人们在满足温饱之后的更高的精神追求。餐饮空间设计包括餐厅的位置、餐厅的店面外观及内部空间、色彩与照明、内部陈设及装饰等的设计,也包括影响顾客用餐体验的整体环境和气氛。

二、餐饮空间的种类

餐饮空间按照不同的分类标准可以分成若干类型。"餐"代表餐厅与餐馆,而"饮"则包含西式的酒吧与咖啡厅,以及中式的茶室、茶楼等。餐饮空间的分类标准包括经营内容、规模大小及其布置类型等。如图 8-8 所示的是中式茶楼,如图 8-9 所示的是咖啡馆的一角。

图 8-8　中式茶楼　　　　　　　　　　　图 8-9　咖啡馆的一角

1. 按照经营内容分类

1)高级宴会餐饮空间

高级宴会餐饮空间主要用来宴请接待贵宾、外国来宾或举行国家大型庆典,或供高级别的大型团体会议之用。这类餐厅按照国际礼仪,要求空间通透,餐桌、服务通道宽阔,设有大型的表演和演讲舞台。一些高级别的小团体贵宾用餐要求空间相对独立、不受干扰、配套功能齐全,甚至还设有接待区、会谈区、文化区、娱乐区、就餐区、独立备餐间、厨房、独立卫生间、衣帽间和休息卧室等功能空间。如图 8-10 所示的是大型宴会厅。

图 8-10   大型宴会厅

2）普通餐饮空间

普通餐饮空间主要是传统的高、中、低档的中餐厅和专营地方特色菜系或专卖某种菜式的专业餐厅,适合机关团体、企业接待、商务洽谈、小型社交活动、家庭团聚、亲友聚会和喜庆宴请等。这类餐厅要求空间舒适、大方、体面、富有主题特色、文化内涵丰富、服务亲切周到、功能齐全、装饰美观。如图 8-11 所示的是特色餐厅。

图 8-11   特色餐厅

3）食街、快餐厅

食街、快餐厅主要经营传统地方小食、点心、风味特色小菜或中、低档次的经济饭菜,适应简单、经济、方便、快捷的用餐需要。如茶餐厅、食街、自助餐厅、快餐厅、大排档、粥粉面食店,等等。这类餐厅要求空间简洁、运作快捷、经济方便、服务简单、干净卫生。如图 8-12 所示的是快餐厅。

图 8-12　快餐厅

4)西餐厅

西餐厅主要是符合西方人生活饮食习惯的餐厅。其环境按西式的风格与格调并采用西式的食谱来招待顾客,分传统西餐厅、地方特色西餐厅和综合休闲式西餐厅。前两者主要经营西方菜系,以传统用餐方式和正餐为主,有散点式、套餐式、自助餐式、快餐等。后者主要是为人们提供休闲、交谈、会友和小型社交活动的场所,如咖啡厅、酒吧、茶室等。如图 8-13 所示的是综合休闲式西餐厅。

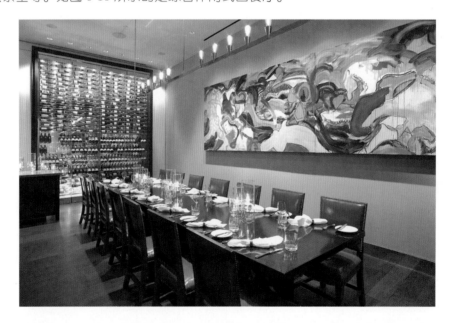

图 8-13　综合休闲式西餐厅

2. 按照空间规模分类

(1)小型:100 m² 以内的餐饮空间,这类空间比较简单,主要着重于室内气氛的营造。

(2)中型:100~500 m² 的餐饮空间,这类空间功能比较复杂,除了加强环境气氛的营造之外,还要进行功能分区、流线组织及一定程度的围合处理。

(3)大型:500 m² 以上的餐饮空间,这类空间应特别注重功能分区和流线组织。

3. 按照空间布置类型分类

(1)独立式的单层空间:一般为小型餐馆、茶室等采用的类型。

(2)独立式的多层空间：一般为中型餐馆采用的类型，也是大型的食府或美食城所采用的空间形式。

(3)附建于多层或高层建筑：大多数的办公餐厅或食堂属于这种类型。

(4)附属于高层建筑的裙房：部分宾馆、综合楼的餐饮部或餐厅、宴会厅等大中型餐饮空间。

三、餐饮空间设计的原则

1. 顾客导向性原则

餐馆的设计首先应根据市场定位，在以顾客为导向的前提下进行。一个餐馆得以在市场上立足与发展，其根本在于受到顾客欢迎，其产品以顾客为导向。以顾客为导向应该真正了解顾客的需求，从最根本上给顾客以关怀。一些餐馆一味地追求豪华材料的堆砌来强调高档，而忽视了生态环境的需要。一些餐馆走进了高档的误区，认为只有强调卖场的金碧辉煌、豪华气派，才能吸引客人，似乎必须采用高档进口材料、水晶吊灯，才能带给客人高档的享受，却没有注意到客人真正的需要，没有认识到为客人创造一种好的生态环境的重要性。

2. 注重符合性及适应性原则

1)符合性

餐馆的设计是餐馆经营的基础环节，其中包括店址确定、餐馆环境设计、平面设计、空间设计、造型设计及室内陈设设计等。这一切都必须以餐馆需要满足的功能为依据，都必须以餐馆的经营理念为出发点。不同等级、规模、经营内容及理念的餐馆，其设计的重点和原则也各有不同。

2)适应性

餐馆设计还应注意与当地的环境相适应。餐馆的设计一方面要尊重顾客的偏好，另一方面也要考虑当地的环境。设计餐馆时，必须配合餐馆所在地的环境条件，否则也会失去顾客。不考虑土地、环境等因素，尤其是周边居民的生活情况，就不能使餐馆经营有好的发展。周边环境是餐馆设计的基本限制因素，要做到对环境了如指掌，并给予恰当的配合。

3. 突出方便性、独特性、文化性、灵活性原则

1)方便性

餐馆设计除了要注重顾客的需要以外，还必须考虑如何方便服务与管理。就餐厅而言，产品及服务的生产、销售及消费基本上是在同一时间，并且是在同一场所发生的，顾客活动路线与员工活动路线紧密联系，无法分割。所以，在考虑顾客的同时，也应同时考虑如何尽可能地方便员工及管理者。

2)独特性

餐馆设计的特色与个性化是餐馆取胜的重要因素。设计与餐馆运营的脱节、主题性的缺乏，使一些餐馆的设计显得比较平庸。因此，过分地趋于一致化或追求某些略带盲目的"时兴"而缺乏个性和特色，盲目堆砌高档装修材料，忽视个性风格塑造和文化特征，对于餐馆设计是大忌，对整个餐饮业的发展是不利的。

3)文化性

随着经济的发展，社会文化水平的普遍提高，人们对餐饮消费的文化性的要求也逐步提高。世界饭店业发展趋势是饭店产品文化内涵的不断提升，通过文化氛围的营造与文化附加值的追加吸引顾客。这对餐饮业而言，同样适用。从餐馆建筑外形、室内空间分隔、色彩设计、照明设计乃至陈设品的选用都应充分展现具有特色的文化氛围，帮助餐饮企业树立形象和品牌。

4)灵活性

餐馆的经营秘诀在于常变常新,这一方面体现在菜肴口味的更新上,另一方面也体现在餐馆设计的灵活调整上。因此,在设计餐馆时应注重灵活性。根据经常性、定期性、季节性及与菜肴产品更新的同步性、适应性原则,对餐馆某些方面如店面、店内布局、色彩、陈设、装饰等进行合适的调整变更,达到常变常新的效果。

4. 多维设计原则

餐馆是餐馆业主向顾客提供餐饮产品及服务的立体空间,不仅包括二维设计及在此基础上形成的三维设计、四维设计,而且包括意境设计。

1)二维设计

二维平面设计是整个餐馆设计的基础,是运用各种空间分隔方式来进行平面布置,包括餐桌和陈列器具的位置、面积和布局,以及客人通道、员工通道、货物通道的分布等。合理的二维设计是在对供应餐饮产品的种类、数量,服务流程及经营的管理体系,顾客的消费心理、购买习惯,以及餐馆本身的形状大小等各种因素进行统筹考虑的基础上形成的量化平面图。根据人流、物流的大小方向及人体工程学等来确定通道的走向与宽度;根据不同的消费对象分隔不同的消费区域,例如散客大厅区、无烟区、儿童玩耍区、豪华包厢区、待客休息区。

2)三维设计

三维设计即三维立体空间设计,是现代化餐馆卖场设计的主要内容。三维设计中,针对不同的顾客及餐饮经营产品,运用粗重轻柔不一的材料、恰当的色彩及造型各异的物质设施,对空间界面及柱面进行错落有致的划分组合,创造出一个使顾客从视觉与触觉都感到轻松舒适的用餐空间。例如:采用带铜饰的黑色喷漆铁板装饰餐厅中的柱子,能形成坚毅而豪华的气势,适合提供商务套餐的商务型餐馆;而采用喷白淡化装饰,用立面软包设计圆柱,则更易创造出较为温馨的环境,适合于以白领女性或家庭成员为对象的餐馆。

3)四维设计

四维设计是时空性设计,主要突出的是卖场设计的时代性和流动性。卖场设计需要顺应时代的特点,随着人们生活水平、风俗习惯、社会状况及文化环境等因素变迁而不断标新立异,时刻走在时代的前沿。同时,卖场设计还应具有流动性,即在卖场中运用运动中的物体或形象,不断改变处于静止状态的空间,形成动感景象。流动性设计能打破卖场内拘谨呆板的静态格局,增强卖场的活力与情致,活跃卖场气氛,激发顾客的购买欲望及行为。餐馆的动态设计可以体现在多个方面,例如餐馆内美妙的喷泉、顾客在卖场中的流动、不断播放各种菜品信息的电子显示屏及旋律优美的背景音乐等。

4)意境设计

意境设计是餐馆卖场形象设计的具体表现形式,是餐馆经营者根据自身的经营范围和品种、经营特色、建筑结构、环境条件、顾客消费心理、管理模式等因素确定企业的理念信条或经营主题,并以此为出发点进行相应的卖场设计。一般通过导入企业形象策略来实现意境设计,例如按企业视觉识别系统中的标志、字体、色彩而设计的图画、短语、广告等均属意境设计。

> 习题

1.商业空间设计的本质目的是什么?

2.办公空间设计的构成要素是什么?

3.餐饮空间设计的原则是什么?

第九章
室内设计的表现方法

> **内容概述**

本章主要介绍室内设计的图纸类型,以及室内设计手绘表现技法和室内设计计算机表现技法。

> **能力目标**

掌握室内平面图、立面图、施工详图、透视图及轴测图的画法;掌握钢笔画、彩色铅笔、马克笔、喷绘、水彩、水粉等手绘表现技法及计算机表现技法。

> **知识目标**

了解室内设计的图纸分类;了解室内设计的各种表现技法。

> **素质目标**

具备绘图能力和色彩搭配能力。

第一节
室内设计的图纸表达

室内设计的图纸表达方式是按照工程进度来进行配置的,工程设计创意是用施工图纸来表达工程设计内容,工程竣工后的验收、决算等需要竣工图纸,简洁明快的视觉直观效果需要效果图表现等。

一、平面图

一般而言,室内设计的平面图是用 AutoCAD 绘制出来的。先进行实地测量,画出原始的平面图,再经过构思设计,绘制出 AutoCAD 平面图。

室内平面图(见图 9-1)的绘制内容包括:门窗位置及其水平方向的尺寸;地面铺装材料;各房间分布及形状、大小;家具及其他设施平面布置;开间尺寸、装修构造的定位尺寸及标高尺寸等各种必要尺寸标注。

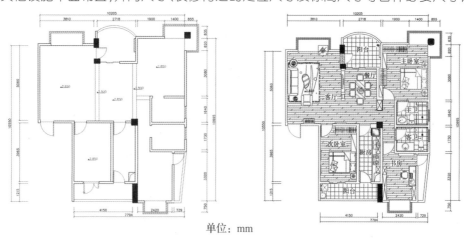

单位:mm

图 9-1 室内平面图

二、立面图

　　根据室内平面图的布局,用 AutoCAD 绘制出立面图。室内立面图是按正投影方法绘制,主要表达室内各立面的装饰结构形状及装饰物品的布置等。

　　室内立面图(见图 9-2)的绘制内容包括:投影方向可见的室内立面轮廓、装修造型及墙面装饰的工艺;墙面装饰材料名称、颜色、规格;门窗及构件的位置;门窗及构配件的造型;靠墙的固定家具、灯具及需表达的靠墙非固定家具、灯具的造型;悬挂物、艺术品等必要的装饰构件的造型;各种必要的尺寸和标高等。

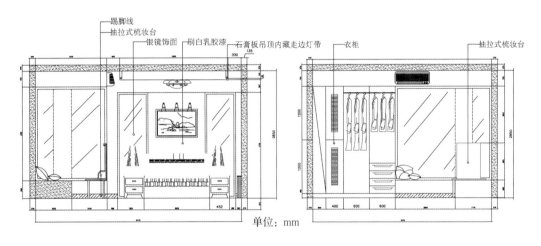

图 9-2　室内立面图

三、室内施工详图

　　室内施工详图(见图 9-3)的绘制内容包括:各面本身的详细结构、所用材料及构件间的连接关系;各面间的相互衔接方式;需表达部位的详细构造,材料名称、规格;室内配件设施的位置、安装及固定方式等。

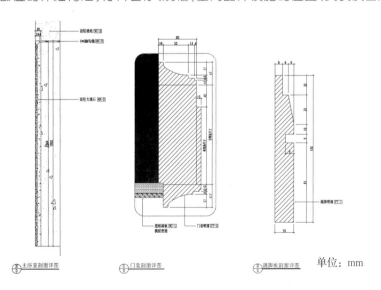

图 9-3　室内施工详图

四、透视图

可见物体在光的作用下将形体轮廓反映到人的眼睛,使人们感觉到物体的位置、方向、体量、材质的存在,并依据判断和感知将其表现在画面上,产生近大远小、近实远虚的现象,这就是物体的空间透视关系。室内透视最常见的为一点透视和两点透视。

1)一点透视

一点透视也称为平行透视。它是一种最基本的透视作图方法,即室内空间中的一个主要立面平行于画面,而其他面垂直于画面,并只有一个消失点的透视,如图9-4所示。它所涉及的表现范围广,有较强的纵深感,适合表现庄重、严肃的空间环境,是室内手绘表现图最为常用的表现形式。

2)两点透视

两点透视即成角透视,又分为成内角透视和成外角透视。其画面效果比较自由活泼,反映空间接近人类视觉上的真实感觉,如图9-5所示,但应注意消失点位置的选择,若选择不当会使空间透视产生偏差变形和失真感。

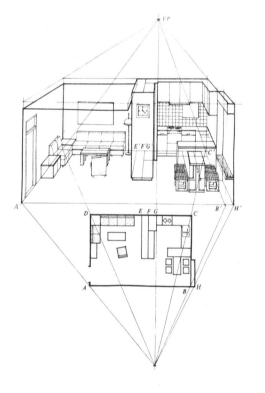

图9-4 一点透视

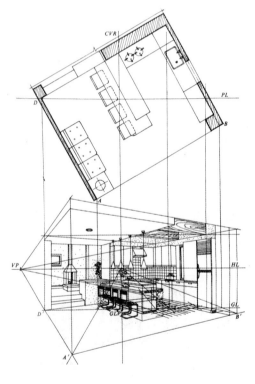

图9-5 两点透视

五、轴测图

轴测图是一种单面投影图,在一个投影面上能同时反映出物体三个坐标面的形状,并接近于人们的视觉习惯,形象、逼真,富有立体感,如图9-6所示。

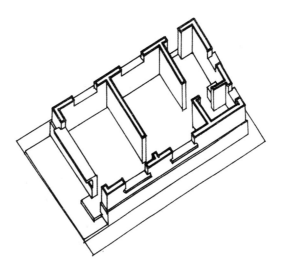

图 9-6　轴测图

第二节
室内设计的文字表达

(1)设计说明、项目创意、施工说明等。

(2)材料标注、设计方案中材料确认,包括材料的规格、品牌、等级、数量、价格等,也可以用表格的形式表达。

(3)室内设计委托合同、施工合同、委托协议等。

(4)工程造价预算、竣工决算等。

第三节
室内设计的表现技法

一、室内设计手绘表现技法

1. 钢笔画表现

钢笔画(见图 9-7)是运用钢笔绘制的单色画。钢笔画工具简单、携带方便。钢笔线条非常丰富,有直线、曲线、粗线、细线、长线、短线等,都各具特点和美感,而且线条还具有感情色彩,如直线刚硬、曲线柔美、快速线生动、慢速线稳重等。

图 9-7　钢笔画(郑新柱)

2. 彩色铅笔表现

彩色铅笔表现(见图 9-8)有其特殊的笔触,用笔轻快、线条感强,可徒手绘制,也可靠尺排线。绘制时注重虚实关系的处理和线条美感的体现。彩色铅笔携带方便、色彩丰富,表现手段快速、简洁,分为水溶性与蜡质两种。其中,水溶性彩铅较常用,它具有溶于水的特点,与水混合具有浸润感,也可用手指擦抹出柔和的效果。

图 9-8　彩色铅笔表现(汪帆)

3. 马克笔表现

马克笔是现在比较流行的一种表现形式,具有快捷、色彩鲜明、直观等特点。马克笔表现如图 9-9 所示。马克笔表现主要通过各种线条的色彩叠加取得更加丰富的色彩变化。马克笔绘出的色彩不易修改,着色过程中需注意着色的顺序,一般是先浅后深。马克笔的笔头是毡制的,具有独特的笔触效果,绘制时要尽量利用这种笔触特点。马克笔在吸水和不吸水的纸上会产生不同的效果,不吸水的光面纸,色彩相互渗透、五彩斑斓,吸水的毛面纸,色彩渗透、沉稳发乌,可根据不同需要选用。

图 9-9　马克笔表现(郑新柱)

4. 喷绘表现

喷绘是利用空气压缩机把有色颜料喷到画面上的一种作画方法。它运用现代化的艺术表现手段,具有色彩颗粒细腻柔和、光线处理变化微妙、材质表现生动逼真等特点。喷绘表现如图 9-10 所示。

图 9-10　喷绘表现(郑新柱)

通过喷点、线、面的练习,才能掌握均匀喷和渐变喷等方面的技法,以及喷量、距离和速度均匀变化的控制。

在实际操作中为了喷出所需要的图形,常采用模板遮挡技术,常用的模板有纸、胶片、遮挡模板等。纸寻找方便、容易制作,但不能反复使用。胶片材料透明、容易制作、不吸水、不变形,可反复使用。遮挡模板一般为进口模板,遮挡效果较好。

5. 水彩表现

水彩具有透明、淡雅细腻、色调明快的特点,色彩渲染层次丰富,笔触接近自然。水彩表现如图 9-11 所示。水彩表现最重要的是水量的控制和对时间的把握。作图时先计划留白的地方,按照由浅入深、由薄到厚的方法上色。先湿画后干画,先虚后实,色彩叠加,层次丰富。但色彩重叠的次数不宜过多,否则将失去透明感、润泽感。

图 9-11　水彩表现(刘檬)

6. 水粉表现

水粉色表现力强,色彩饱和浑厚、不透明,具有较强的覆盖能力,以颜料的深浅,用色的干、湿、厚、薄能产生不同的艺术效果,适用于多种空间环境的表现。水粉表现如图 9-12 所示。使用水粉色绘制效果图,绘画技巧性强,由于色彩干湿度变化大,湿时明度较低、颜色较深,干时明度较高、颜色较浅,掌握不好易产生怯、粉、生的问题。

图 9-12　水粉表现(郑新柱)

二、室内设计计算机表现技法

室内设计计算机表现技法是室内设计师最常用的设计表达手段之一,是以计算机三维设计软件及图像处理软件为基础的计算机表现形式。利用 3ds Max、Photoshop、AutoCAD、Lightscape 等专业设计软件进行室内平面图、立面图、施工详图及透视图等的绘制,力求达到真实的效果,具有高度清晰、仿真、精细的优点,是设计相关行业使用比较广泛、快捷、业主易接受的最有效的表达方式。AutoCAD 表现如图 9-13 所示。计算机效果图表现如图 9-14 所示。

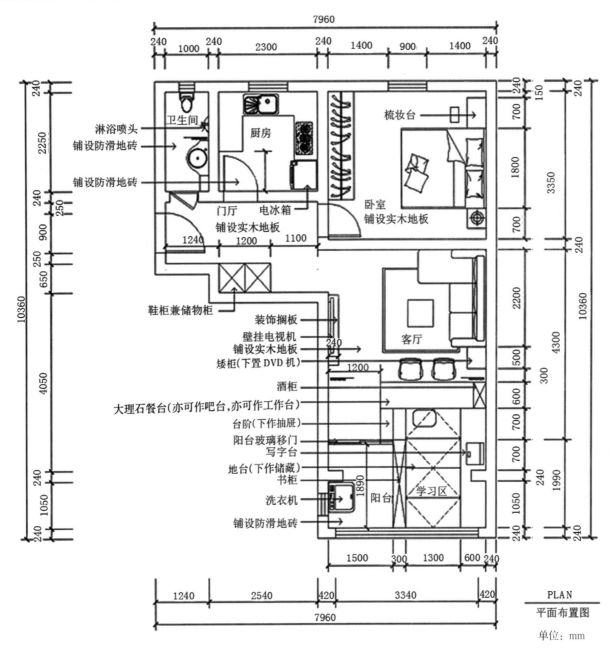

图 9-13　AutoCAD 表现

图 9-14　计算机效果图表现

> 习题

1.根据室内平面图 9-13,运用一点透视的方法绘制出卧室的效果图,并用彩色铅笔进行上色表现。

2.根据室内平面图 9-13,运用两点透视的方法绘制出客厅的效果图,并用马克笔进行上色表现。

[1]张伟,庄俊倩,宗轩.室内设计基础教程[M].上海:上海人民美术出版社,2008.

[2]夏晋,廖璇.室内设计基础[M].武汉:武汉大学出版社,2008.

[3]张绮曼,郑曙旸.室内设计资料集[M].北京:中国建筑工业出版社,1991.

[4]饶平山,吴巍.环艺设计教程——室内设计及工程基础[M].武汉:湖北美术出版社,2004.

[5]汤重熹.室内设计[M].北京:高等教育出版社,2003.

[6]朱琴.设计色彩[M].武汉:华中科技大学出版社,2011.

[7]吴锐.建筑装饰设计[M].北京:机械工业出版社,2011.

[8]汪帆.手绘效果图表现技法[M].武汉:华中科技大学出版社,2013.